AF588576

LE RURAL

ALMANACH POUR 1872

CONTENANT

LES FOIRES ET MARCHÉS DE LA HAUTE-MARNE

Les Foires de l'Aube, de la Côte-d'Or, de la Haute-Saône, de la Marne et des Vosges.

DEBERNY

LANGRES
LIBRAIRIE DE JULES DALLET, ÉDITEUR
PLACE CHAMBEAU

NOTIONS CHRONOLOGIQUES

ET CALENDRIER POUR L'ANNEE 1872.

Age du monde.

Année 6585 de la période Julienne.

2648 des Olympiades, ou la 3e année de la 663e Olympiade, commence en juillet 1872, en fixant l'ère des Olympiades 775 ans 1/2 avant J.-C., ou vers le 1er juillet de l'an 3938 de la période Julienne.

2625 de la fondation de Rome, selon Varron.

2619 depuis l'ère de Nabonassar, fixée au mercredi 26 février de l'an 3967 de la période Julienne, ou 747 ans avant J.-C., selon les chronologistes, et 746 ans selon les astronomes.

1872 du calendrier Grégorien établi en octobre 1582 depuis 288 ans; elle commence le lundi 1er janvier. L'année 1872 du calendrier Julien commence douze jours plus tard, le samedi 13 janvier.

1288 des Turcs, ou de l'Hégire, commence le 23 mars 1871 et l'année 1289 commence le 12 mars 1872, selon l'usage de Constantinople, d'après l'*Art de vérifier les dates*.

Comput ecclésiastique.

Nombre d'or............	11	Indiction romaine........	15
Epacte....................	XX	Lettre dominicale.........	G F
Cycle solaire..............	5		

Quatre-Temps.

Février........	21, 23 et 24.	Septembre.....	18, 20 et 21.
Mai............	22, 24 et 25.	Décembre	18, 20 et 21.

Fêtes mobiles.

La Septuagésime.....	28 janv.	La Pentecote.......	19 mai.
Les Cendres.........	14 févr.	La Trinité..........	26 mai.
Paques..............	31 mars.	*La Fête-Dieu*........	30 mai.
Les Rogations...	6, 7 et 8 mai.	1er dim. de l'Avent...	1er déc.
L'Ascension.........	9 mai.		

Eclipses pour 1872.

Il y aura pendant l'année 1872 quatre Éclipses : deux éclipses de Soleil et deux éclipses de Lune.

1. Eclipse partielle de Lune, le 22 mai 1872, visible à Paris.

	Temps moyen de Paris.
Commencement...	10 h. 50 m. du soir.
Milieu	11 h. 27 m. du soir.
Fin	12 h. 4 m. du soir.

2. Eclipse annulaire de Soleil, le 6 juin 1872, invisible à Paris.

3. Eclipse partielle de Lune, le 30 décembre 1872, visible à Paris.

	Temps moyen de Paris.
Commencement...	5 h. 11 m. du matin.
Milieu	5 h. 28 m. du matin.
Fin	5 h. 46 m. du matin.

4. Eclipse totale de Soleil, le 12 décembre 1872, invisible à Paris.

Commencement des Saisons.

Le Printemps commencera le 20 mars, à 7 heures 6 minutes du matin. *Equinoxe.*

L'Eté commencera le 21 juin, à 3 h. 41 m. du matin.

L'Automne commencera le 23 septembre, à 6 h. 2 m. du soir. *Equinoxe.*

L'Hiver commencera le 21 décembre, à 0 h. 2 m. du soir.

Les courts jours.

Jusqu'au 9 décembre, les jours diminuent matin et soir.

A partir du 9, le soleil atteint son minimum de durée sur l'horizon pour le soir. Ce minimum dure du 9 au 14, pendant six jours.

	Lever du soleil.	Coucher du soleil.		Durée du jour.
8 déc.	7 h. 43 m.	4 h. 2 m.	Les jours baissent encore.	8 h. 19 m.
9 —	7 h. 44 m.	4 h. 1 m.	Minimum des soirs.	8 h. 17 m.

A partir du 28, le soleil a son minimum de durée pour le matin. Ce minimum dure du 28 décembre au 4 janvier, pendant huit jours.

	Lever du soleil.		Coucher du soleil.	Durée du jour.
4 janv.	7 h. 56 m.	Minimum des matins.	4 h. 15 m.	8 h. 19 m.
5 —	7 h. 55 m.	Les matins com. à grandir.	4 h. 16 m.	8 h. 21 m.

A partir du 5 janvier, comme on voit, les jours grandissent matin et soir.

On remarquera l'égalité entre le 8 décembre, veille du jour où les soirs atteignent leur minimum de durée et le 4 janvier, dernier jour du minimum de durée pour le matin.

S'il y avait coïncidence entre les deux minima, ce jour-là n'aurait que 8 heures 5 minutes. Différence en moins : 5 minutes sur le 22 décembre, jour le plus court de l'année.

Ainsi, les jours les plus courts sont compris entre le 8 décembre et le 4 janvier avec un écart de 9 minutes sur le 22 décembre, jour extrême.

	Lever du soleil.	Coucher du soleil.	Durée du jour.
8 décembre.	7 h. 43 m.	4 h. 02 m.	8 h. 19 m.
22 —	7 h. 54 m.	4 h. 04 m.	8 h. 10 m.
4 janvier.	7 h. 56 m.	4 h. 15 m.	8 h. 19 m.

Durée du jour.			Durée du jour.			Durée du jour.		
8 déc.	8 h.	19 m.	17 déc.	8 h.	11 m.	26 déc.	8 h.	12 m.
9 —	8	17	18 —	8	11	27 —	8	12
10 —	8	16	19 —	8	11	28 —	8	12
11 —	8	15	20 —	8	10 1/2	29 —	8	13
12 —	8	14	21 —	8	10 1/2	30 —	8	14
13 —	8	13	22 —	8	10	31 —	8	15
14 —	8	13	23 —	8	10 1/2	1 janv.	8	16
15 —	8	13	24 —	8	10 1/2	2 —	8	17
16 —	8	12	25 —	8	11	3 —	8	18
						4 —	8	19

Jours extrêmes.

Le plus long jour a 16 h. 7 m.
Le plus court, 8 h. 10 m.
Différence : 7 h. 57 m.

Les longs jours.

Jusqu'au 11 juin, les jours augmentent matin et soir.

A partir du 11, le soleil atteint son maximum de durée sur l'horizon pour le matin. Ce maximum dure du 11 au 23, pendant douze jours.

	Lever du soleil.		Coucher du soleil.	Durée du jour.
10 juin.	3 h. 59 m.	Les matins grandissent encore.	8 h. 0 m.	16 h. 1 m.
11 —	3 h. 58 m.	Maximum du matin.	8 h. 0 m.	16 h 2 m.

A partir du 21, il atteint son maximum de durée sur l'horizon pour le soir. Ce maximum dure du 21 juin au 1er juillet, pendant onze jours.

	Lever du soleil.	Coucher du soleil.		Durée du jour.
1er juillet.	4 h. 2 m.	8 h. 5 m.	Maximum du soir.	16 h. 3 m.
2 —	4 h. 3 m.	8 h. 4 m.	Les jours com. à baisser.	16 h. 1 m.

A partir du 2 juillet, comme on voit, les jours diminuent matin et soir.

On remarquera l'égalité entre le 10 juin, veille du jour où les matins atteignent leur maximum de durée, et le 2 juillet, lendemain du dernier jour de maximum pour les soirs.

Ces deux maxima se rencontrent pendant trois jours, les 21, 22 et 23 juin.

Ainsi, les jours les plus longs de l'année sont compris entre le 10 juin et le 2 juillet avec un écart de 6 minutes sur les trois jours extrêmes.

	Lever du soleil.	Coucher du soleil.	Durée du jour.
10 juin.	3 h. 59 m.	8 h. 0 m.	16 h. 1 m.
21, 22, 23 juin.	3 h. 58 m.	8 h. 5 m.	16 h. 7 m.
2 juillet.	4 h. 03 m.	8 h. 4 m.	16 h. 1 m.

	Durée du jour.			Durée du jour.				Durée du jour	
10 juin.	16 h.	1 m.	18 juin.	16 h.	6 m.	Jours extrêmes.	27 juin.	16 h.	5 m
11 —	16	2	19 —	16	6		28 —	16	5
12 —	16	3	20 —	16	6		29 —	16	4
13 —	16	3	21 —	16	7		30 —	16	4
14 —	16	4	22 —	16	7		1er juillet.	16	3
15 —	16	5	23 —	16	7		2 —	16	1
16 —	16	5	24 —	16	6		Plus long, 16 h. 7 m.		
17 —	16	5	25 —	16	6		Plus court, 8 h. 10 m.		
			26 —	16	6		Différence : 7 h. 57 m.		

Signes du beau et de la pluie.

I. — SIGNES ATMOSPHÉRIQUES.

Les couronnes blanchâtres qui se montrent autour du soleil, de la lune ou des étoiles, sont un signe de pluie.

— Lorsque la pluie fume en tombant, c'est signe qu'il pleuvra longtemps et abondamment.

— Les nuages qui, après la pluie, descendent près de terre, et semblent rouler sur les champs, sont un signe de beau temps.

— S'il survient un brouillard après le mauvais temps, cela indique sa cessation.

— Mais si le brouillard survient pendant le beau temps, et qu'il s'élève en laissant des nuages, le mauvais temps est immanquable.

— Le vent du sud-ouest est celui qui amène le plus souvent la pluie, et celui du nord, nord-est et est, celui qui l'amène le plus rarement.

II. — SIGNES TERRESTRES.

— Si la flamme de la lampe étincelle ou si elle forme un champignon, il y a grande probabilité de pluie.

— Il en est de même lorsque la suie se détache et tombe des cheminées.

— Si la braise paraît plus ardente qu'à l'ordinaire, et si la flamme paraît plus agitée, c'est signe de vent.

— Lorsque la flamme est droite et tranquille, c'est un signe de beau temps.

— Si l'on entend de loin le son des cloches, c'est un signe de vent ou de changement de temps.

— Les bonnes ou les mauvaises odeurs condensées, c'est à-dire plus fortes, sont un signe de pluie.

— Si le sel, le marbre, les pierres de grès, les vitres, deviennent humides, si les bois des portes et des fenêtres se gonflent, si les cors aux pieds deviennent douloureux, c'est un signe de pluie ou de dégel.

— La gelée qui commence par un vent d'est dure longtemps.

III. — SIGNES PRIS DES ANIMAUX.

— La chouette qu'on entend crier pendant le mauvais temps, annonce le beau.

Les abeilles qui s'écartent peu de leurs ruches annoncent la pluie ; également quand elles arrivent en foule à la ruche avant la nuit, et sans être entièrement chargées.

— Si les pigeons reviennent tard au colombier, ils indiquent la pluie pour les jours suivants.

— Les poules qui se roulent dans la poussière plus que de coutume, annoncent la pluie. Il en est de même, si les coqs chantent le soir ou à des heures extraordinaires.

— C'est un signe de mauvais temps lorsque les hirondelles rasent la surface de la terre et de l'eau.

— Le temps est à l'orage, lorsque les mouches piquent et sont plus importunes que de coutume.

— Si les grenouilles croassent plus qu'à l'ordinaire, si les crapauds sortent le soir et en grand nombre de leurs trous, si les vers de terre paraissent à la surface du sol, si les taupes labourent plus que de coutume, si les bœufs et les dindons se rassemblent, il y a presque certitude de pluie.

Lorsque les bestiaux, et surtout les brebis, sont plus âpres qu'à l'ordinaire, la pluie n'est pas loin.

JANVIER (31 jours)

Les jours croissent de 1 h. 6 m. — 23 m. le matin et 43 m. le soir.

J. du mois.	JOURS de la semaine	FÊTES DU MOIS.		TEMPS MOYEN de Paris — Lever du soleil.	TEMPS MOYEN de Paris — Coucher du soleil.	TEMPS MOYEN de Paris — Lever de la Lune.	TEMPS MOYEN de Paris — Coucher de la Lune.
1	lundi	Circoncision.		7 56	4 12	9 53 soir.	11 14 mat.
2	mar.	s. Basile, év.		7 56	4 13	11 03	11 32
3	mer.	s[te] Geneviève.	D. Q.	7 56	4 14	0 0	11 51
4	jeudi	s. Rigobert.		7 56	4 15	0 15 matin.	0 10 soir.
5	vend.	s[te] Amélie.		7 55	4 16	1 30	0 31
6	sam.	Epiphanie.		7 55	4 17	2 48	0 55
7	Dim.	s. Théodore.		7 55	4 18	4 9	1 [illegible]5
8	lundi	s. Lucien.		7 55	4 19	5 32	2 4
9	mar.	s. Julien.		7 54	4 21	6 51	2 56
10	mer.	s. Guillaume.	N. L.	7 54	4 22	8 1	4 3
11	jeudi	s[te] Hortense.		7 53	4 23	8 56	5 21
12	vend.	s[te] Césarine.		7 53	4 25	9 37	6 44
13	sam.	Baptême de N.-S.		7 52	4 26	10 9	8 7
14	Dim.	s. Hilaire.		7 52	4 27	10 34	9 27
15	lundi	s. Maur.		7 51	4 29	10 55	10 51
16	mar.	s. Marcel.		7 50	4 30	11 14	11 52
17	mer.	s. Antoine.	P. Q.	7 49	4 32	11 33	0 0
18	jeudi	Ch. de s. Pierre à R.		7 49	4 33	11 53	1 2 matin.
19	vend.	s. Sulpice.		7 48	4 35	0 15 soir.	2 11
20	sam.	s. Sébastien.		7 47	4 36	0 40	3 18
21	Dim.	s[te] Agnès.		7 46	4 38	1 10	4 23
22	lundi	s. Vincent.		7 45	4 39	1 46	5 25
23	mar.	s. Ildefonse.		7 44	4 41	2 30	6 22
24	mer.	s. Babylas.		7 43	4 42	3 23	7 11
25	jeudi	Conv. de s. Paul.	P.L.	7 42	4 44	4 23	7 52
26	vend.	s[te] Paule.		7 41	4 45	5 28	8 26
27	sam.	s[te] Angélique.		7 39	4 47	6 36	8 54
28	Dim.	*Septuagésime.*		7 38	4 49	7 45	9 17
29	lundi	s. François de Sales.		7 37	4 50	8 54	9 37
30	mar.	s[te] Martine.		7 36	4 52	10 4	9 56
31	mer.	s[te] Marcelle.		7 34	4 54	11 16	10 15

FÉVRIER (29 jours)

Les jours croissent de 1 h. 35 m. — 48 m. le matin et 47 m. le soir.

J. du mois.	JOURS de la semaine	FÊTES DU MOIS.		TEMPS MOYEN de Paris. Lever du Soleil.	TEMPS MOYEN de Paris. Coucher du Soleil	TEMPS MOYEN de Paris. Lever de la Lune.	TEMPS MOYEN de Paris. Coucher de la Lune
1	jeudi	s. Ignace.		7 33	4 55	0 0	10 35 soir.
2	vend.	PURIFICATION.	D. Q.	7 32	4 57	0 31 matin.	10 57
3	sam.	s. Blaise.		7 30	4 59	1 49	11 23
4	DIM.	*Sexagésime.*		7 29	5 0	3 9	11 57
5	lundi	s^te^ Agathe.		7 27	5 2	4 27	0 41 matin.
6	mar.	s. Waast.		7 26	5 3	5 39	1 39
7	mer.	s. Amand.		7 24	5 5	6 40	2 50 soir.
8	jeudi	s. Jean de M.		7 23	5 7	7 28	4 11
9	vend.	s^te^ Appoline.	N. L.	7 21	5 8	8 4	5 35
10	sam.	s^te^ Scolastique.		7 20	5 10	8 32	6 58
11	DIM.	*Quinquagésime.*		7 18	5 12	8 55	8 18
12	lundi	s^te^ Eulalie.		7 16	5 13	9 16	9 34
13	mar.	*Mardi-Gras.*		7 15	5 15	9 36	10 46
14	mer.	*Cendres.*		7 13	5 17	9 55	11 56
15	jeudi	s. Onésime.		7 11	5 18	10 16	0 0
16	vend.	s. Sylvain.	P. Q.	7 9	5 20	10 40	1 5
17	sam.	s^te^ Marianne.		7 8	5 22	11 9	2 12 matin.
18	DIM.	*Quadragésime.*		7 6	5 23	11 43	3 16
19	lundi	s. Gabriel.		7 4	5 25	0 25 soir.	4 15
20	mar.	s. Eucher.		7 2	5 27	1 15	5 7
21	mer.	s. Pépin.	*Q. T.*	6 59	5 28	2 13	5 51
22	jeudi	Chaire de S. Pierre.		6 58	5 30	3 17	6 27
23	vend.	s^te^ Isabelle.		6 57	5 31	4 24	6 56
24	sam.	s. Matthias.	P. L.	6 55	5 33	5 34	7 21
25	DIM.	*Réminiscere.*		6 53	5 35	6 45	7 43
26	lundi	s. Alexis.		6 51	5 36	7 56	8 2
27	mar.	s^te^ Honorine.		6 49	5 38	9 8	8 20
28	mer.	s. Romain.		6 47	5 40	10 22	8 39
29	jeudi	s. Léandre.		6 46	5 41	11 38	9 0

MARS (31 jours)

Les jours croissent de 1 h. 50 m. — 1 h. 3 m. le matin et 47 m. le soir.

J. du mois.	JOURS de la semaine	FÊTES DU MOIS.		TEMPS MOYEN de Paris. Lever du Soleil	TEMPS MOYEN de Paris. Coucher du Soleil	TEMPS MOYEN de Paris Lever de la Lune.	TEMPS MOYEN de Paris Coucher de la Lune
1	vend.	s. Aubin.		6 45	5 41	0 0	9 24 (matin.)
2	sam.	s^te^ Camille.	D. Q.	6 43	5 43	0 6 (mat.)	9 54
3	Dim.	*Oculi.*		6 41	5 44	2 14	10 33
4	lundi	s. Casimir.		6 39	5 46	3 27	11 25
5	mar.	s. Drausin.		6 37	5 47	4 31	0 30 (soir.)
6	mer.	s^te^ Colette.		6 35	5 49	5 21	1 45
7	jeudi	*Mi-Carême.*		6 33	5 51	6 0	3 7
8	vend.	s. Joseph de Q.		6 [illegible]1	5 52	6 31	4 29
9	sam.	s^te^ Françoise.	N. L.	6 29	5 54	6 56	5 49
10	Dim.	*Lætare.*		6 27	5 55	7 17	7 7
11	lundi	s. Constant.		6 25	5 57	7 37	8 23
12	mar.	s. Pol, év.		6 23	5 59	7 57	9 37
13	mer.	s^te^ Cunégonde.		6 21	6 0	8 17	10 49
14	jeudi	s^te^ Mathilde.		6 19	6 1	8 39	11 59
15	vend.	s. Abraham.		6 16	6 3	9 6	0 0
16	sam.	s^te^ Gertrude.		6 14	6 4	9 39	1 5 (matin.)
17	Dim.	*Passion.*	P. Q.	6 12	6 6	10 19	2 7
18	lundi	s. Alexandre.		6 10	6 7	11 6	3 2
19	mar.	s. Joseph.		6 8	6 9	0 1 (soir.)	3 49
20	mer.	s. Joachim.		6 6	6 10	1 2	4 27
21	jeudi	s. Benoit.		6 4	6 12	2 8	4 59
22	vend.	s. Octave.		6 .2	6 13	3 18	5 25
23	sam.	s. Victor.		6 0	6 15	4 30	5 47
24	Dim.	*Rameaux.*		5 58	6 16	5 42	6 7
25	lundi	ANNONCIATION.	P. L.	5 55	6 18	6 55	6 26
26	mar.	s. Ludger.		5 53	6 19	8 10	6 44
27	mer.	s^te^ Lydie.		5 51	6 21	9 27	7 4
28	jeudi	s. Gontran.		5 49	6 22	10 46	7 28
29	vend.	*Vendredi-Saint.*		5 47	6 [illegible]	0 0	7 56
30	sam.	s. Amédée.		5 45	6 25	0 5 (mat.)	8 32
31	Dim.	PAQUES.		5 43	6 27	1 20	9 19

AVRIL (30 jours)

Les jours croissent de 1 h. 42 m. – 58 m. le matin et 44 m. le soir.

J. du mois.	JOURS de la semaine.	FÊTES DU MOIS.		TEMPS MOYEN de Paris — Lever du Soleil.	TEMPS MOYEN de Paris — Coucher du Soleil.	TEMPS MOYEN de Paris — Lever de la Lune.	TEMPS MOYEN de Paris — Coucher de la Lune.
1	lundi	s. Hugues.	D. Q.	5 41	6 28	2 26 matin.	10 19 mat.
2	mar.	s. François de Padoue.		5 39	6 30	3 20	11 29
3	mer.	s. Richard.		5 37	6 31	4 2	0 47 soir.
4	jeudi	s. Ambroise.		5 34	6 33	4 34	2 8
5	vend.	ste Irène.		5 32	6 34	4 59	3 28
6	sam.	s. Célestin.		5 30	6 36	5 21	4 45
7	Dim.	*Quasimodo.*		5 28	6 37	5 41	6 1
8	lundi	s. Gauthier.	N. L.	5 26	6 39	5 59	7 15
9	mar.	ste Marie Egyptienne.		5 24	6 41	6 18	8 28
10	mer.	ste Azélie.		5 22	6 42	6 40	9 40
11	jeudi	s. Léon le Grand.		5 20	6 43	7 5	10 50
12	vend.	s. Jules.		5 18	6 45	7 35	11 55
13	sam.	s. Marcellin.		5 16	6 46	8 11	0 0
14	Dim.	s. Justin.		5 14	6 48	8 55	0 54 matin.
15	lundi	s. Paterne.	P. Q.	5 12	6 50	9 48	1 44
16	mar.	s. Fructue.		5 10	6 51	10 47	2 26
17	mer.	s. Anicet.		5 8	6 52	11 52	3 0
18	jeudi	s. Parfait.		5 6	6 54	1 0 soir.	3 28
19	vend.	s. Léon, pape.		5 4	6 55	2 10	3 51
20	sam.	ste Emma.		5 2	6 56	3 21	4 11
21	Dim.	s. Anselme.		5 0	6 58	4 34	4 30
22	lundi	ste Opportune.		4 58	7 0	5 50	4 48
23	mar.	s. Georges.	P. L.	4 56	7 1	7 8	5 7
24	mer.	s. Robert.		4 54	7 2	8 28	5 29
25	jeudi	s. Marc.		4 52	7 4	9 49	5 56
26	vend.	s. Clet.		4 50	7 5	11 9	6 30
27	sam.	s. Anthime.		4 49	7 7	0 0	7 14
28	Dim.	ste Prudence.		4 48	7 8	0 20 matin.	8 10
29	lundi	ste Antoinette.		4 46	7 10	1 19	9 18
30	mar.	s. Eutrope.	D. Q.	4 44	7 11	2 4	10 35

MAI (31 jours)

Les jours croissent de 1 h. 18 m. — 39 m. le matin et 39 m. le soir.

J. du mois.	JOURS de la semaine.	FÊTES DU MOIS.		TEMPS MOYEN de Paris. Lever du Soleil.	TEMPS MOYEN de Paris. Coucher du Soleil.	TEMPS MOYEN de Paris. Lever de la Lune.	TEMPS MOYEN de Paris. Coucher de la Lune.
1	mer.	s. Phil ppe.		4 42	7 13	2 38 matin.	11 55 m.
2	jeudi	s. Athanase.		4 41	7 14	3 5	1 14 soir.
3	vend.	s. Antonin.		4 39	7 16	3 27	2 31
4	sam.	s^te^ Mon que.		4 37	7 18	3 47	3 46
5	Dim.	s. Augustin.		4 35	7 19	4 5	4 59
6	lundi	*Rogations.*		4 33	7 20	4 23	6 11
7	mar.	s. Stanislas.	N. L.	4 32	7 22	4 43	7 23
8	mer.	s. D'siré.		4 31	7 23	5 6	8 34
9	jeudi	ASCENSION.		4 29	7 24	5 34	9 42
10	vend.	s. Gordien.		4 28	7 25	6 7	10 44
11	sam.	s. Mamert.		4 26	7 27	6 48	11 38
12	Dim.	s. Pancrace.		4 25	7 29	7 37	0 0
13	lundi	s. Servais.		4 24	7 30	8 34	0 24 matin.
14	mar.	s. Eram.		4 22	7 31	9 37	1 1
15	mer.	s^te^ Delphine.	P. Q.	4 21	7 32	10 43	1 31
16	jeudi	s. Honoré.		4 19	7 33	11 51	1 55
17	vend.	s. Pascal.		4 18	7 35	1 0 soir.	2 15
18	sam.	s. Eric v. j.		4 17	7 36	2 11	2 34
19	Dim.	PENTECOTE.		4 16	7 37	3 24	2 52
20	lundi	s. Bernard.		4 15	7 39	4 41	3 10
21	mar.	s^te^ Virginie.		4 13	7 40	6 1	3 31
22	mer.	s^te^ Julie.	P. L.	4 12	7 41	7 24	3 55
23	jeudi	s. Didier.		4 11	7 42	8 48	4 25
24	vend.	s^te^ Jeanne.		4 10	7 43	10 6	5 5
25	sam.	s. Urbain.		4 9	7 44	11 12	5 58
26	Dim.	TRINITÉ.		4 8	7 46	0 0	7 4
27	lundi	s. Hildevert.		4 7	7 47	0 3 matin.	8 20
28	mar.	s. Maximin.		4 6	7 48	0 42	9 41
29	mer.	s^te^ Emilie.	D. Q.	4 6	7 49	1 11	1 2
30	jeudi	FÊTE-DIEU.		4 5	7 50	1 34	1 21
31	vend.	s^te^ Pétronille.		4 4	7 51	1 54	1 36

JUIN (30 jours)

Les jours croissent jusqu'au 23 de 18 m. — 6 m. le matin et 12 m. le soir.

J. du mois.	JOURS de la semaine	FÊTES DU MOIS.	TEMPS MOYEN de Paris. Lever du Soleil	TEMPS MOYEN de Paris. Coucher du Soleil.	TEMPS MOYEN de Paris. Lever de la Lune.	TEMPS MOYEN de Paris. Coucher de la Lune.
1	sam.	s. Pamphile.	4 3	7 52	2 12 matin.	2 49 soir.
2	Dim.	s. Pothin.	4 3	7 53	2 30	4 0
3	lundi	s^te Clotilde.	4 2	7 54	2 49	5 11
4	mar.	s. Quirin.	4 1	7 55	3 10	6 22
5	mer.	s. Boniface.	4 1	7 56	3 36	7 31
6	jeudi	s^te Pauline. N. L.	4 0	7 57	4 8	8 35
7	vend.	s. Prime.	4 0	7 57	4 46	9 32
8	sam.	s. Médard.	3 59	7 58	5 31	10 21
9	Dim.	s^te Pélagie.	3 59	7 59	6 24	11 1
10	lundi	s. Landry.	3 59	8 0	7 25	11 33
11	mar.	s. Barnabé.	3 58	8 0	8 30	11 58
12	mer.	s^te Olympe.	3 58	8 1	9 37	0 0
13	jeudi	s. Antoine de Padoue.	3 58	8 1	10 45	0 20 matin.
14	vend.	s. Elysée. P. Q.	3 58	8 2	11 53	0 39
15	sam.	s. Modeste.	3 58	8 3	1 3 soir.	0 57
16	Dim.	s. Cyr.	3 58	8 3	2 16	1 14
17	lundi	s^te Laure.	3 58	8 3	3 33	1 33
18	mar.	s. Marine.	3 58	8 4	4 54	1 54
19	mer.	s^te Aline.	3 58	8 4	6 17	2 20
20	jeudi	s. Gervais.	3 58	8 4	7 39	2 55
21	vend.	s. Alban. P. L.	3 58	8 5	8 53	3 42
22	sam.	s. Paulin.	3 58	8 5	9 53	4 44
23	Dim.	s. Félix.	3 58	8 5	10 38	5 58
24	lundi	*Nativité de s. J.-B.*	3 59	8 5	11 12	7 21
25	mar.	s. Prosper.	3 59	8 5	11 38	8 45
26	mer.	s. Babolein.	3 59	8 5	0 0	10 7
27	jeudi	s^te Adèle. D. Q.	4 0	8 5	0 0	11 25
28	vend.	s^te Irénée.	4 0	8 5	0 19 matin.	0 39 soir.
29	sam.	*s. Pierre, s. Paul.*	4 1	8 5	0 37	1 51
30	Dim.	s. Bertrand.	4 1	8 5	0 56	3 2

JUILLET (31 jours)

Les jours décroissent de 59 m. — 32 m. le matin et 27 m. le soir.

J. du mois.	JOURS de la semaine.	FÊTES DU MOIS.	TEMPS MOYEN de Paris. Lever du Soleil.	TEMPS MOYEN de Paris. Coucher du Soleil.	TEMPS MOYEN de Paris. Lever de la Lune.	TEMPS MOYEN de Paris. Coucher de la Lune.
1	lundi	s. Martial.	4 2	8 5	1 16 matin.	4 12 soir.
2	mar.	Visitation de N.-D.	4 3	8 4	1 40	5 21
3	mer.	s. Anatole.	4 3	8 4	2 8	6 26
4	jeudi	ste Berthe.	4 4	8 4	2 43	7 25
5	vend.	ste Zoé, martyre. N. L.	4 5	8 3	3 26	8 17
6	sam.	s. Tranquillin.	4 5	8 3	4 18	9 0
7	DIM.	s. Procope.	4 6	8 2	5 17	9 34
8	lundi	s. Aquila.	4 7	8 2	6 21	10 2
9	mar.	s. Cyrille.	4 8	8 1	7 27	10 25
10	mer.	ste Félicité.	4 9	8 1	8 34	10 44
11	jeudi	Transl. de s. Benoît.	4 10	8 0	9 42	11 2
12	vend.	s. Gualbert. P. Q.	4 11	7 59	10 50	11 19
13	sam.	s. Eugène.	4 12	7 59	11 59	11 37
14	DIM.	s. Bonaventure.	4 13	7 58	1 12 soir.	11 56
15	lundi	s. Henri.	4 14	7 57	2 29	0 0
16	mar.	*N.-D. du M.-C.*	4 15	7 56	3 49	0 19 matin.
17	mer.	s. Alexis.	4 16	7 55	5 10	0 49
18	jeudi	s. Clair.	4 17	7 54	6 28	1 28
19	vend.	s. Vincent de Paul.	4 18	7 53	7 35	2 20
20	sam.	ste Marguerite. P. L.	4 19	7 52	8 28	3 29
21	DIM.	s. Félicien.	4 20	7 51	9 8	4 51
22	lundi	ste Madeleine.	4 21	7 50	9 38	6 17
23	mar.	ste Apollinaire.	4 22	7 49	10 2	7 43
24	mer.	s. Christophe. V. J.	4 24	7 48	10 23	9 6
25	jeudi	s. Jacques, s. C.	4 25	7 47	10 41	10 24
26	vend.	Translat. ss. martyrs.	4 26	7 45	11 0	11 39
27	sam.	ste Nathalie. D. Q.	4 27	7 44	11 20	0 52 soir.
28	DIM.	ste Anne.	4 29	7 43	11 43	2 4
29	lundi	ste Marthe.	4 30	7 42	0 0 matin.	3 13
30	mar.	s. Ours.	4 31	7 40	0 10	4 19
31	mer.	s. Germain l'Auxerr.	4 33	7 39	0 43	5 21

AOUT (31 jours)

Les jours décroissent de 1 h. 38 m. — 43 m. le matin et 55 m. le soir.

J. du mois.	JOURS de la semaine	FETES DU MOIS.		TEMPS MOYEN de Paris. Lever du Soleil.	Coucher du Soleil	TEMPS MOYEN de Paris. Lever de la Lune.	Coucher de la Lune.
1	jeudi	s. Pierre-ès-Liens.		4 34	7 37	1 24 matin	6 15 soir
2	vend.	ste Alphonsine.		4 35	7 36	2 14	7 3
3	sam.	Inv. de s. Etienne.		4 37	7 34	3 11	7 36
4	Dim.	s. Dominique.	N. L.	4 39	7 33	4 43	8 6
5	lundi	s. Abel.		4 40	7 31	5 18	8 30
6	mar.	*Transf. de N.-S.*		4 41	7 30	6 25	8 50
7	mer.	s. Gaetan.		4 42	7 28	7 33	9 8
8	jeudi	s. Justin.		4 43	7 27	8 41	9 25
9	vend.	s. Florent.		4 45	7 25	9 50	9 42
10	sam.	s. Laurent.		4 46	7 23	11 0	10 0
11	Dim.	ste Suzanne.		4 48	7 22	0 13 soir	10 21
12	lundi	ste Claire.	P. Q.	4 50	7 20	1 30	10 46
13	mar.	s. Hippolyte.		4 51	7 18	2 48	11 19
14	mer.	s. Alfred.	V. J.	4 52	7 16	4 6	0 0
15	jeudi	ASSOMPTION.		4 53	7 15	5 17	0 4 matin
16	vend.	s. Roch.		4 54	7 13	6 15	1 4
17	sam.	s. Mammès.		4 56	7 11	7 0	2 19
18	Dim.	ste Hélène.	P. L.	4 57	7 9	7 35	3 43
19	lundi	s. Louis, *év.*		4 59	7 7	8 2	5 11
20	mar.	s. Bernard.		5 0	7 5	8 24	6 37
21	mer.	s. Privat.		5 2	7 3	8 44	7 59
22	jeudi	s. Symphorien.		5 3	7 1	9 3	9 18
23	vend.	s. Sidoine.		5 4	6 59	9 23	10 35
24	sam.	s. Barthélemi.		5 6	6 57	9 45	11 49
25	Dim.	s. Louis, *roi.*	D. Q.	5 7	6 55	10 11	1 1 soir
26	lundi	s. Zéphirin.		5 9	6 53	10 42	[illegible] 10
27	mar.	s. Césaire.		5 10	6 51	11 20	3 14
28	mer.	s. Gustave.		5 11	6 49	0 0	4 11
29	jeudi	s. Merri.		5 13	6 47	0 7 matin	5 0
30	vend.	s. Fiacre.		5 14	6 45	1 2	5 38
31	sam.	s. Ovide.		5 16	6 43	2 3	6 9

SEPTEMBRE (30 jours)

Les jours décroissent de 1 h. 45 m. — 43 m. le matin et 1 h. 2 m. le soir.

J. du mois.	JOURS de la semaine	FÊTES DU MOIS.	TEMPS MOYEN de Paris. Lever du Soleil.	TEMPS MOYEN de Paris. Coucher du Soleil	TEMPS MOYEN de Paris. Lever de la Lune.	TEMPS MOYEN de Paris. Coucher de la Lune.
1	DIM.	s. Leu. s. Gilles.	5 17	6 42	3 8 (matin.)	6 35 (soir.)
2	lundi	s. Lazare.	5 19	6 40	4 15	6 57
3	mar.	s. Grégoire. N. L.	5 20	6 38	5 24	7 15
4	mer.	s^{te} Rosalie.	5 21	6 36	6 33	7 31
5	jeudi	s. Bertin.	5 23	6 34	7 42	7 48
6	vend.	s^{te} Eve.	5 24	6 32	8 52	8 6
7	sam.	s. Cloud.	5 26	6 29	10 4	8 25
8	DIM.	*Nativité de la Vierge.*	5 27	6 27	11 20 (soir.)	8 48
9	lundi	s. Omer, évêque.	5 28	6 25	0 37	9 18
10	mar.	s^{te} Pulchérie. P. Q.	5 30	6 23	1 53	9 57
11	mer.	s. Hyacinthe.	5 31	6 21	3 4	10 49
12	jeudi	s. Raphaël.	5 33	6 19	4 6	11 56
13	vend.	s. Aimé.	5 34	6 17	4 55	0 0
14	sam.	*Exalt. de la Ste Croix.*	5 36	6 15	5 33	1 15 (matin.)
15	DIM.	s. Nicomède.	5 37	6 13	6 2	2 40
16	lundi	s^{te} Lucie.	5 38	6 11	6 25	4 6
17	mar.	s. Lambert. P. L.	5 40	6 8	6 45	5 30
18	mer.	s. Jean Chrysostôme.	5 41	6 6	7 5	6 51
19	jeudi	s. Janvier.	5 43	6 4	7 25	8 10
20	vend.	s. Eustache. *Q. T.*	5 44	6 2	7 46	9 27
21	sam.	s. Mathieu.	5 46	6 0	8 10	10 43
22	DIM.	s. Maurice.	5 47	5 58	8 39	11 56
23	lundi	s^{te} Constance.	5 48	5 56	9 15	1 4 (soir.)
24	mar.	s. Germer. D. Q.	5 50	5 53	9 59	2 5
25	mer.	s. Firmin.	5 51	5 51	10 51	2 56
26	jeudi	s^{te} Justine.	5 53	5 49	11 50	3 38
27	vend.	s. Côme.	5 54	5 47	0 0	4 12
28	sam.	s. Céran.	5 56	5 45	0 55 (matin.)	4 39
29	DIM.	s. Michel, *archange.*	5 57	5 43	2 3	5 1
30	lundi	s. Jérôme.	5 59	5 41	3 11	5 20

OCTOBRE (31 jours)

Les jours décroissent de 1 h. 46 m. — 47 m. le matin et 59 m. le soir.

J. du mois.	JOURS de la semaine	FÊTES DU MOIS.	TEMPS MOYEN de Paris. Lever du Soleil	TEMPS MOYEN de Paris. Coucher du Soleil	TEMPS MOYEN de Paris. Lever de la Lune.	TEMPS MOYEN de Paris. Coucher de la Lune.
1	mar.	s. Remi, évêque.	6 0	5 39	4 20 matin.	5 38 soir.
2	mer.	ss. Anges gard. N. L.	6 2	5 37	5 30	5 55
3	jeudi	s. Denis.	6 3	5 34	6 41	6 12
4	vend.	s. François d'Assises.	6 4	5 32	7 54	6 30
5	sam.	s^te Flavie.	6 6	5 30	9 9	6 52
6	Dim.	s. Bruno.	6 7	5 28	10 26	7 19
7	lundi	s. Serge, martyr.	6 9	5 26	11 44	7 55
8	mar.	s^te Brigitte, vierge.	6 10	5 24	0 58 soir.	8 42
9	mer.	s. Denis, évêque. P. Q.	6 12	5 22	2 2	9 44
10	jeudi	s. François B.	6 13	5 20	2 54	10 57
11	vend.	s. Venant.	6 15	5 18	3 33	0 0
12	sam.	s. Wilfride.	6 16	5 16	4 3	0 17 matin.
13	Dim.	s. Edouard.	6 18	5 14	4 27	1 41
14	lundi	s. Caliste.	6 20	5 12	4 48	3 4
15	mar.	s^te Thérèse.	6 21	5 10	5 7	4 25
16	mer.	s. Léopold. P. L.	6 23	5 8	5 26	5 45
17	jeudi	s^te Estelle.	6 24	5 6	5 46	7 3
18	vend.	s. Luc.	6 26	5 4	6 9	8 20
19	sam.	s. Aimable.	6 27	5 2	6 36	9 35
20	Dim.	s. Cléopâtre.	6 29	5 0	7 9	10 47
21	lundi	s^te Ursule.	6 30	4 58	7 50	11 53
22	mar.	s. Mellon.	6 32	4 56	8 40	0 50 soir.
23	mer.	s. Hilarion.	6 33	4 55	9 37	1 36
24	jeudi	s. Magloire. D. Q.	6 35	4 53	10 40	2 13
25	vend.	s. Crépin. s. Crépinien.	6 37	4 51	11 47	2 42
26	sam.	s. Rustique.	6 38	4 49	0 0	3 6
27	Dim.	s. Frumence. V. J.	6 40	4 47	0 55 matin.	3 26
28	lundi	s. Simon, s. Jude.	6 41	4 46	2 3	3 44
29	mar.	s. Narcisse.	6 43	4 44	3 12	4 1
30	mer.	s. Lucain.	6 45	4 42	4 23	4 17
31	jeudi	s. Quentin. V. J.	6 46	4 41	5 36	4 34

NOVEMBRE (30 jours)

Les jours décroissent de 1 h. 20 m. — 45 m. le matin et 35 m. le soir.

J. du mois.	JOURS de la semaine	FÊTES DU MOIS.		TEMPS MOYEN de Paris. Lever du Soleil	TEMPS MOYEN de Paris. Coucher du Soleil	TEMPS MOYEN de Paris. Lever de la Lune.	TEMPS MOYEN de Paris. Coucher de la Lune.
1	vend.	TOUSSAINT.	N. L.	6 48	4 39	6 52 matin.	4 54 soir.
2	sam.	*Les Trépassés.*		6 49	4 37	8 10	5 20
3	Dim.	s. Marcel.		6 51	4 36	9 30	5 54
4	lundi	s. Charles Borromée.		6 53	4 34	10 48	6 38
5	mar.	s^te^ Berthilde.		6 54	4 32	11 57	7 35
6	mer.	s. Léonard.		6 56	4 30	0 53 soir.	8 45
7	jeudi	s. Ernest.		6 58	4 29	1 36	10 5
8	vend.	s^tes^ Reliques.	P. Q.	7 0	4 28	2 8	11 27
9	sam.	s. Mathurin.		7 1	4 27	2 33	0 0
10	Dim.	s. Juste.		7 3	4 25	2 54	0 48
11	lundi	s. Martin.		7 4	4 24	3 13	2 7 matin.
12	mar.	s. René.		7 5	4 22	3 31	3 25
13	mer.	s. Brice, évêque.		7 7	4 21	3 50	4 42
14	jeudi	s. Achille.		7 9	4 20	4 11	5 59
15	vend.	s^te^ Eugénie.	P. L.	7 10	4 19	4 36	7 45
16	sam.	s. Edme.		7 12	4 17	5 5	8 29
17	Dim.	s. Malo.		7 13	4 16	5 42	9 38
18	lundi	s. Mandé.		7 15	4 15	6 29	10 39
19	mar.	s^te^ Elisabeth.		7 17	4 14	7 24	11 31
20	mer.	s. Edmond.		7 18	4 13	8 25	0 42 soir.
21	jeudi	*Présent. de la Vierge.*		7 19	4 12	9 30	0 44
22	vend.	s^te^ Cécile.		7 21	4 11	10 37	1 9
23	sam.	s. Clément.	D. Q.	7 22	4 10	11 45	1 30
24	Dim.	s^te^ Flore.		7 24	4 9	0 0 matin.	1 48
25	lundi	s^te^ Catherine.		7 25	4 8	0 52	2 5
26	mar.	s^te^ Victorine.		7 27	4 7	2 1	2 22
27	mer.	s^te^ Odette.		7 28	4 6	3 12	2 38
28	jeudi	s. Sosthène.		7 30	4 6	4 27	3 57
29	vend.	s. Saturnin.		7 31	4 5	5 46	3 20
30	sam.	s. André.	N. L.	7 32	4 5	7 6	3 49

DÉCEMBRE (31 jours)

Les jours décroissent de 27 m. — 23 m. le matin et 4 m. le soir.

J. du mois.	JOURS de la sem ine	FÊTES DU MOIS		TEMPS MOYEN de Paris. Lever du Soleil.	TEMPS MOYEN de Paris. Coucher du Soleil	TEMPS MOYEN de Paris. Lever de la Lune.	TEMPS MOYEN de Paris. Coucher de la Lune.
1	Dim.	*Avent.*		7 34	4 4	8 27 matin.	4 29 soir.
2	lundi	s. Eloi.		7 35	4 4	9 43	5 23
3	mar.	s^te^ Aurélie.		7 36	4 3	10 47	6 32
4	mer.	s^te^ Barbe.		7 37	4 3	11 33	7 51
5	jeudi	s. Sabas.		7 39	4 2	0 42	9 13
6	vend.	s. Nicolas.		7 40	4 2	0 39	10 36
7	sam.	s^te^ Léonce.	P. Q.	7 41	4 2	1 1 soir.	11 57
8	Dim.	*Conception de la S. V.*		7 42	4 2	1 20	0 0
9	lundi	s^te^ Léocadie.		7 43	4 1	1 38	1 15 matin.
10	mar.	s^te^ Eulalie.		7 44	4 1	1 55	2 30
11	mer.	s. Daniel.		7 45	4 1	2 14	3 44
12	jeudi	s^te^ Valérien.		7 46	4 1	2 37	4 58
13	vend.	s^te^ Luce.		7 47	4 1	3 5	6 11
14	sam.	s. Nicaise.	P. L.	7 48	4 1	3 39	7 22
15	Dim.	s. Mesmin.		7 49	4 2	4 21	8 27
16	lundi	s^te^ Adélaïde.		7 50	4 2	5 12	9 23
17	mar.	s^te^ Yolande.		7 50	4 2	6 12	10 8
18	mer.	s. Gatien.	*Q. T.*	7 51	4 2	7 17	10 44
19	jeudi	s. Maurice.		7 52	4 3	8 23	11 12
20	vend.	s^te^ Philomène.		7 52	4 3	0 30	11 34
21	sam.	s. Thomas.		7 53	4 3	10 38	11 53
22	Dim.	s. Honorat.		7 53	4 4	11 45	0 18 soir.
23	lundi	s^te^ Victoire.	D. Q.	7 54	4 4	0 0 matin.	0 26
24	mar.	s^te^ Delphine.	V. J.	7 54	4 5	0 53	0 42
25	mer.	NOEL.		7 55	4 6	2 4	0 59
26	jeudi	s. Etienne.		7 55	4 6	3 19	1 19
27	vend.	s. Jean, *ap.*		7 55	4 7	4 38	1 45
28	sam.	s^ts^ Innocents.		7 56	4 8	5 58	2 19
29	Dim.	s. Trophine.		7 56	4 9	7 17	3 6
30	lundi	s^te^ Colombe.	N. L.	7 56	4 10	8 28	4 8
31	mar.	s. Sylvestre.		7 56	4 11	9 26	5 25

PRINCIPALES PUISSANCES

République française

PROCLAMÉE LE 4 SEPTEMBRE 1870.

THIERS, né en 1797, Président de la République.

Angleterre.

ALEXANDRINA-VICTORIA Ier, reine d'Angleterre, née le 24 mai 1819, proclamée reine le 21 juin 1837, couronnée le 28 juin 1838, mariée le 10 février 1840 à :

FRANÇOIS-ALBERT-AUGUSTE-CHARLES-EMMANUEL, prince de Saxe-Cobourg-Gotha, mort le 14 décembre 1861.

ALBERT-EDOUARD, prince de Galles, né le 7 novembre 1841, marié le 10 mars 1863 à ALEXANDRA-CAROLINE-MARIE-CHARLOTTE-LOUISE-JULIE, née le 1er décembre 1844, fille de Chrétien, roi de Danemark.

Autriche.

FRANÇOIS-JOSEPH Ier, né le 18 août 1830, empereur d'Autriche le 2 décembre 1848, roi de Hongrie et de Bohême, marié le 24 avril 1854 à :

MARIE-ELISABETH-EUGÉNIE, née le 24 décembre 1836, fille de Maximilien-Joseph, roi de Bavière. — De ce mariage, archiduchesse Gisèle-Louise-Marie, née le 12 juillet 1856 ; archiduc Rodolphe-François-Charles-Joseph, prince héréditaire, né le 21 août 1858.

Bavière.

LOUIS II, roi de Bavière, né le 25 août 1845, roi le 11 mars 1864.

Belgique.

LÉOPOLD II (Louis-Philippe-Marie-Victor), né le 9 avril 1835, succède à son père le 17 décembre 1865, marié par procuration le 19 août, et en personne le 22 août 1853, à Marie-Henriette-Anne, archiduchesse d'Autriche, née le 23 août 1836, fille de feu l'archiduc Joseph, palatin de Hongrie.

De ce mariage :

LOUISE-MARIE-AMÉLIE, née le 18 février 1858.

Stéphanie-Clotilde-Louise-Hermance-Marie-Charlotte, née le 21 mai 1864.

Frère et sœur du roi :

Philippe-Eugène-Ferdinand-Clément-Baudoin-Léopold-Georges, comte de Flandre, né à Laeken le 25 mars 1837.

Marie-Charlotte-Amélie-Auguste-Victoire-Clémentine-Léopold, née à Laeken le 7 juin 1840.

Brésil.

DOM PEDRO II, empereur du Brésil, né le 2 décembre 1725, empereur le 7 avril 1831, déclaré majeur le 23 juillet 1840.

Chine.

TCHOUNG-TCHI, empereur, né le 5 janvier 1854; — le prince Kong, régent.

Danemark.

CHRISTIAN IX, roi de Danemark, né le 18 avril 1818, roi le 15 novembre 1863.

Égypte.

ISMAIL-PACHA, né en 1830, proclamé vice-roi le 18 janvier 1863.

Papauté.

PIE IX (Mastaï Ferretti), né à Sinigaglia le 13 mai 1792, élu pape le 16 juin 1846.

Grèce.

GEORGES Ier, de Danemark, roi élu en 1863.

Italie.

VICTOR-EMMANUEL, né le 14 février 1820, roi de Sardaigne le 23 mars 1849, et roi d'Italie le 26 février 1861.

Humbert, prince royal, né le 14 mars 1844.

Pays-Bas.

GUILLAUME III (Alexandre-Paul-Frédéric-Louis), roi des Pays-Bas, né le 19 février 1817, roi le 12 mai 1849, marié le 18 juin 1839 à :

Sophie-Frédérique-Mathilde, fille de Guillaume Ier, roi de Wurtemberg.

Perse.

NASSER-ED-DIN, né en 1829, schah en 1848.

Portugal.

DOM LOUIS, né le 31 octobre 1838, succède à son frère en 1861. Marié en 1862 à Marie Pie, fille de Victor-Emmanuel II, roi d'Italie.

Prusse.

GUILLAUME Ier, roi de Prusse et empereur d'Allemagne, né le 22 mars 1797, succède à son frère Frédéric-Guillaume IV, le 2 janvier 1861, marié le 11 juin 1829 à :

MARIE-LOUISE-AUGUSTE-CATHERINE, fille de feu Charles-Frédéric, grand-duc de Saxe-Weimar.

Russie.

ALEXANDRE II (Nicolaiewitsch), né le 20 avril 1818, empereur le 1er mars 1855, marié le 28 avril 1841 à :

MARIE-ALEXANDRINE, fille de feu Louis II, grand-duc de Hesse, née le 8 août 1824.

Saxe.

JEAN, roi de Saxe, né le 12 décembre 1801, roi le 16 août 1854.

Suède et Norwége.

CHARLES XV (Louis-Eugène), né le 3 mai 1826, roi le 7 juillet 1859, Marié le 19 juin 1850 à :

WILHELMINE-FRÉDÉRIQUE-ALEXANDRINE-ANNE-LOUISE, princesse d'Orange, née le 5 août 1828.

Turquie.

AB-DUL-AZIZ, né le 9 février 1830, empereur de Turquie le 25 juin 1861.

Wurtemberg.

CHARLES-FRÉDÉRIC-ALEXANDRE, roi de Wurtemberg, né le 6 mars 1823, succède à son père le 25 juin 1864.

Marié le 1er juillet 1846 à la grande-duchesse OLGA-NICOLA-EWNA, fille de feu Nicolas Ier, empereur de Russie.

MINISTÈRES.

De la Justice et des Cultes, place Vendôme, 11 et 13, bureaux rue du Luxembourg, 36. — Le vendredi de 3 à 5 heures.

Des Affaires étrangères, rue de l'Université, 130. — Ouvert tous les jours, de 11 h. du matin à 6 h. du soir.

Des Finances. — Les bureaux sont ouverts au public tous les jours, de 2 à 4 h.

De l'Intérieur, rue de Grenelle-Saint-Germain, 101 et 102 et rue Cambacérès. — Les chefs de division reçoivent les jeudis, de 2 à 4 h

De la Guerre, rue Saint-Dominique-Saint-Germain, 90; bureaux, même rue, 86 et 88. — Le public est admis tous les mercredis, de 2 à 5 h., à la section de l'Enseignement et des Renseignements, rue Saint-Dominique, 88.

De la Marine, rue Royale-Saint-Honoré, 2. — Les bureaux sont ouverts au public le jeudi, de 2 à 4 h.

De l'Instruction publique, rue de Grenelle-Saint-Germain, 110. — Entrée le jeudi, de 2 à 4 h. Administration des Cultes, place Vendôme, 13.

De l'Agriculture et du Commerce, rue Saint-Dominique-Saint-Germain, 60. — Le ministre reçoit lorsqu'on en fait la demande par écrit.

Des Travaux publics, rue Saint-Dominique-Saint-Germain, 60, 62 et 64.

Hôtel de Ville. — Administration transférée au palais du Luxembourg. — Bureaux dans les bâtiments du nouvel Hôtel-Dieu.

CALENDRIER AGRICOLE.

MOIS DE JANVIER

Travaux d'extérieur. — Quand le temps le permet, labours des terres destinées aux semailles de printemps et aux cultures sarclées. — Transport et épandage des fumiers pendant la gelée. — Extraction de la marne. — Réparations aux chemins. — Soins aux clôtures. — Tonte des haies vives. — Veiller à l'écoulement des eaux dans les terres argileuses emblavées. — Irrigation d'hiver. — Drainage, quand le temps est favorable.

Travaux d'intérieur. — Inventaire. — Examen des opérations agricoles qui ont donné le meilleur résultat, de celles qui n'ont pas réussi. — Entretien des laiteries à une température de 12 à 15° pendant tout l'hiver. — Continuation du battage et égrenage du maïs. Veiller à la conservation des racines dans les celliers et les silos. — Réparation des outils, instruments et ustensiles aratoires. — Fabrication de ruches, de paillassons pour meulons et moyettes, etc...

Animaux domestiques. — Continuation du régime alimentaire pour les bêtes de trait. — Continuation de l'engraissement des bœufs et des porcs destinés à la boucherie. — Soins et meilleure alimentation à donner aux vaches et aux brebis avant et après le part. — Soins aux veaux et aux brebis. — Nourriture aux moutons à la bergerie. — Soins aux abeilles.

MOIS DE FÉVRIER

Travaux d'extérieur. — Continuation des travaux du mois de janvier. — Profiter de la crue des eaux et de la fonte des neiges, pour obtenir le limonage des prés naturels. — Hersage des prés qui ont de la mousse, et destruction des mauvaises herbes. — Pâturage des prés par les moutons. — Emploi des cendres, de la suie, du purin et autres engrais qu'on leur destine. — Vers la fin du mois, commencement de la semaille de l'avoine, du blé de mars et des fèverolles. — Echenillage (loi du 26 ventôse an IV).

Travaux d'intérieur. — Achèvement du battage des grains. — Mêmes soins qu'en janvier pour les racines en cellier et en silos. — Modification s'il y a lieu dans l'assolement, en profitant de l'expérience de l'année précédente. — Importance à donner à la culture de chaque plante en se basant sur la réussite, le rendement, les débouchés probables de l'année. — Nettoyage et triage des semences de printemps. — Revue des harnais et des attelages avant de commencer les travaux.

Animaux domestiques. — Donner une meilleure nourriture aux animaux de travail. — Soins à donner aux juments poulinières qui commencent à mettre bas en février. — Les soins à donner aux bœufs à l'engrais, aux vaches, aux veaux, aux porcs, sont les mêmes qu'au mois précédent.

MOIS DE MARS

Travaux d'extérieur. — En ce mois, les travaux pour les cultures des récoltes de printemps sont en grande activité. On continue la semaille de l'avoine, des fèverolles, du blé de mars, commencé en février. — On commence à semer comme fourrages verts, les vesces, les pois, les lentilles. —

On sème aussi les carottes en mars et on plante les topinambours. — Labours, hersages préparatoires et fumures des terres destinées aux orges, aux plantes fourragères et aux plantes racines. — Quand la terre est assez ressuyée, commencer la semaille des prairies artificielles dans les céréales d'hiver qu'on recouvre par un hersage et un roulage. — Semaille du mélange des graines qui doivent former les prés naturels. — Cesser le pâturage des prés. — Continuer les irrigations. — Epandage des taupinières et des fourmilières.

Travaux d'intérieur. — Les travaux d'extérieur sont si pressants et si nombreux qu'ils ne laissent aucun temps pour les travaux d'intérieur. Cependant, on doit faire en ce mois et le mois suivant les réparations que demandent les bâtiments ruraux pendant qu'ils ne sont pas encombrés ; jointoyage des murs et rebouchage des trous de souris ; révision des toitures, etc....

Animaux domestiques. — Augmentation de la ration de grain dans la ration des animaux de trait, à mesure que les travaux sont plus nombreux et plus pénibles. — Achever l'engraissement des bœufs dont la vente est avantageuse à l'époque de Pâques. — Continuer les soins aux vaches laitières, aux juments poulinières et aux brebis, ainsi qu'aux animaux d'élevage. L'engraissement des moutons est coûteux à cette époque, mais la vente est facile. Voir à cet effet la quantité de racines et de fourrages en magasin. — Soins à donner à la basse-cour. — La ponte et l'incubation sont en activité. — Les ruches sont vides; y pourvoir en donnant du miel.

MOIS D'AVRIL

Travaux d'extérieur. — Continuation des semailles de mars qui n'ont pu être faites en ce mois. — Semaille de l'orge avec prairies artificielles (luzerne, sainfoin, trèfle, lupuline). — Semis de la betterave, de la carotte. — Le lin et le maïs qui craignent les froids se sèment ordinairement à la mi-avril. — Roulage et hersage des céréales d'automne et du printemps. — Plantation des pommes de terre. — Pâturage des prairies artificielles et des légumineuses. — Sarclage et binage des carottes semées en mars. — Premiers labours à la jachère.

Travaux d'intérieur. — Comme en mars, peu de travaux d'intérieur. — Veiller à la conservation des grains en magasin qui commencent à être attaqués par les charançons.

Animaux domestiques. — Donner aux vaches et aux veaux les dernières racines qu'on a dû conserver pour ce mois où les fourrages deviennent plus rares. — Dans la dernière quinzaine d'avril, donner aux vaches l'escourgeon et le seigle coupés en vert. Engraissement des veaux pour la boucherie avec le lait très commun à cette époque. — Pâturage par les moutons des vieilles prairies artificielles réservées à cet effet. — Parcage. — Saillie des juments. — Soins aux poules, oisons, dindonneaux. Nettoyer les ruches des abeilles.

MOIS DE MAI.

Travaux d'extérieur. — Hersage et roulage des avoines et des orges, et hersage des pommes de terre qui n'ont pas été effectués en avril. — 2e Labour des jachères dans les terres argileuses. — Echardonnage des céréales. — Semaille du colza de printemps, de la cameline. — Repiquage des betteraves. — Semaille des vesces, pois gris et maïs pour fourrages. — Ecobuage. — Drainage, quand les travaux ne sont pas trop pressants.

Travaux d'intérieur. — Nettoyer les fenils. — Préparer les charrettes et les chariots pour la fenaison. — Arroser les fumiers pendant les chaleurs. Renouveler cette opération toutes les fois que le besoin s'en fait sentir. — Vente des grains qui, à cette époque, sont ordinairement en hausse.

Animaux domestiques. — C'est au mois de mai qu'on commence à mettre le bétail à la nourriture verte (*trèfle incarnat, luzerne, minette, vesce d'hiver, escourgeon*) — Y procéder progressivement Précaution à prendre contre la météorisation. — Emploi de la paille hachée mélangée avec les fourrages verts. — Pâturage des moutons dans la minette. — Parcage. — Surveiller les abeilles qui essaiment à la fin de ce mois, ainsi que dans le mois de juin.

MOIS DE JUIN.

Travaux d'extérieur. — Semaille de la navette d'été, des navets en récolte principale, du sarrazin. — Binage des pommes de terre, des betteraves et autres plantes sarclées. — Deuxième labour et hersage des jachères. — Récolte des navettes et du colza d'hiver. — Conduite des fumiers dans les jachères destinées aux semis de colza et de navettes d'hiver. — Destruction de la cuscute. — Travaux importants de la fenaison.

Travaux d'intérieur. — Tonte des moutons : soins à donner aux toisons. — Battage du colza et de la navette. — Soins à donner à la graine pour l'empêcher de s'échauffer. — Mettre les faucheuses, les moissonneuses et faneuses en état de bien fonctionner. — Entretenir la fraîcheur dans les laiteries.

Animaux domestiques. — Continuation de la nourriture en vert et du pâturage. — Etablir une bonne circulation de l'air dans les étables et les écuries. — Litière suffisante pour absorber les déjections et les urines abondantes des animaux par suite de l'alimentation en vert. — Sevrage des poulains nés en février et des agneaux nés en mars. — Nourriture verte aux porcs.

MOIS DE JUILLET

Travaux de Juillet. — Achever la rentrée des foins. — Conduite du fumier sur jachère, puis troisième labour pour les terres fortes. — Extirpation du chiendent et des mauvaises herbes au moyen du scarificateur et de hersages énergiques. — Labour des terres dépouillées des récoltes de colza et de navettes pour préparation à la semaille du blé. — Semaille du sarrasin. — Binage des plantes sarclées. — Buttage des pommes de terre. — Récolte du seigle, de l'escourgeon, de l'avoine d'hiver.

Travaux d'intérieur. — Nettoyage de l'emplacement des taisseaux. — Mettre tout en ordre pour la moisson. — Battage du seigle pour se procurer de la litière qui, à cette époque, fait souvent défaut, et pour fabriquer des liens. — Tonte des agneaux.

Animaux domestiques. — Les chevaux quittent la nourriture en vert. — Procéder progressivement au changement. — Mettre les jeunes poulains au pâturage. — Pâturage, par les bêtes à cornes, des prés qui ne doivent pas donner de regain. — Pâturage des moutons sur les chaumes. — Continuer la nourriture verte aux porcs.

MOIS D'AOUT

Travaux d'extérieur. — La moisson du blé qui commence souvent sur la fin de juillet est en pleine activité au commencement d'août. Vient ensuite celle de l'orge, de l'avoine. — Arrachage, battage et rouissage du lin et du chanvre (mâle), donner la dernière culture à la jachère. — Biner les récoltes sarclées, s'il est besoin. Semis du colza et de la navette d'hiver, du trèfle incarnat (avec sarrasin). — Récolte du maïs comme plante fourragère.

Travaux d'intérieur. — Veiller à ce que les récoltes en taisseaux ne s'échauffent pas. — Veiller à la bonne construction des meules de grain. — Après la moisson, battage du blé de semence, si les travaux d'extérieur le permettent.

Animaux domestiques — Continuer le même régime pour l'espèce chevaline et l'espèce bovine. — Mois favorable pour l'engraissement des moutons qui trouvent un bon pâturage dans les chaumes. Achat, s'il est possible. — Passer insensiblement de la nourriture verte à une nourriture plus substantielle pour les porcs. — Addition de farine, de seigle, orge, sarrasin. — Les oies, les dindons sont conduits dans les chaumes.

MOIS DE SEPTEMBRE

Travaux d'extérieur. — Récolte des fèveroles, des vesces, des bisailles, de la dernière coupe des prairies artificielles, des regains, des fourrages mélangés de sarrasin. — Arrachage des pommes de terre, des betteraves, carottes. — Leur conserve dans les celliers et les silos. — Arrachage, battage et rouissage du chanvre (femelle). — Semaille du seigle, de l'escourgeon, de l'épeautre, des vesces d'hiver et des pois gris dans la première quinzaine du mois. — Commencement de la semaille du blé dans la deuxième quinzaine.

Travaux d'intérieur. — Battage et triage des semences de blé. — Achat de semences pour changer. — Profiter de la hausse pour la vente. — Chaulage et sulfatage des semences; conserve du beurre et des œufs pour l'hiver. — Pendant ce mois, vente des volailles qu'il ne faut pas conserver en trop grande quantité pendant l'hiver.

Animaux domestiques. — Même régime pour les chevaux, les bœufs et les vaches. — Pâturage des moutons dans les prairies artificielles. — Précautions à prendre contre la pourriture. — On commence à engraisser les porcs.

MOIS D'OCTOBRE

Travaux d'extérieur. — La semaille des blés est en grande activité dans la première quinzaine d'octobre, et se prolonge jusqu'à la fin du mois, quand le temps n'a pas été favorable. On achève la rentrée des racines, particulièrement des navets en récolte dérobée, des topinambours. — Irrigation dans les prairies naturelles. — Après la semaille, curage des raies d'écoulement. — Labour des terres argileuses pour céréales de printemps. — Transport de la marne et de la chaux.

Travaux d'intérieur. — Achever de mettre les racines dans les celliers et les silos. — Construction des meules de paille au moment où les fenils et les granges sont pleins. — Battage des grains.

Animaux domestiques. — Les chevaux consomment les derniers fourrages verts qui, à cette époque, ne forment plus qu'une faible partie de leur nourriture. — Pâturage des bêtes à cornes comme au mois de septembre. — On donne aux vaches laitières les feuilles détachées de leurs racines. — Moutons aux pâturages avec addition de fourrages secs à la bergerie. — On cesse le parcage. — On continue l'engraissement des porcs et des bœufs. — Vente des moutons engraissés dans les chaumes. — Achat de bœufs de trait réformés pour les livrer à l'engraissement.

MOIS DE NOVEMBRE

Travaux d'extérieur. — Quand le temps le permet, labour d'hiver, entretien des chemins et des rigoles ; transport des marnes. — Fumure de couverture pour les prairies artificielles. — Drainage. — Irrigation.

Travaux d'intérieur — Visite des instruments aratoires et de transport. — On réforme ceux qui sont hors de service et on remise les autres. — Battage des grains. — Égrenage du maïs. — Bottelage des fourrages. — Teillage du chanvre et du lin. — Veiller au bon état des toitures avant l'arrivée des neiges.

Animaux domestiques — Réduction de la ration des bêtes de travail, surtout des grains, par suite de la cessation des grands travaux d'exploitation. — Le pâturage pour les bêtes à cornes doit cesser. — Le régime des bœufs de trait doit se composer principalement de menues pailles, de pailles et de racines. — Les vaches laitières doivent recevoir une bonne nourriture pour que la transition de l'alimentation ne diminue pas la production du lait. — On continue, en novembre, l'engraissement des bœufs à l'étable et on pousse celui des porcs.

MOIS DE DÉCEMBRE

Travaux d'extérieur. — Continuation des travaux de novembre, quand il se présente quelques beaux jours.

Travaux d'intérieur. — Réparations aux instruments aratoires. — Continuer le battage et le nettoyage des grains, ainsi que le bottelage des fourrages. — Visite aux silos. — Soins aux fumiers entassés en grande quantité dans les fosses. — Comptabilité. — Le cultivateur prend note de la valeur actuelle de son matériel de culture, de toutes les denrées et marchandises en magasin, de chaque espèce de bétail, etc., pour pouvoir, au 1er janvier, établir le compte de chacune de ces divisions et dresser inventaire.

Animaux domestiques. — Même régime qu'en novembre pour les chevaux et les bœufs de trait. — Augmenter la litière à cause du froid et de la longueur des nuits. — Tenir les écuries à une température convenable pour le bien-être des bestiaux. — Vente des bœufs et porcs gras. — Achever l'engraissement de ceux qui ne peuvent encore être livrés à la vente. — Nourriture des moutons à la bergerie. — Agnelage.

AGRICULTURE.

DU FUMIER.

Avec soin tes terres laboureras,
Et tu fumeras abondamment.
Force bestiaux tu élèveras,
Ils sont la base de l'amendement,

Ces deux préceptes d'agriculture sont inséparables et de la plus grande importance. Le fumier est de tous les engrais le plus avantageux et le plus recherché. Un champ non fumé ne donnera jamais qu'une récolte ou nulle ou médiocre : Tous les cultivateurs en conviennent. D'autre part, il est évident que la quantité du fumier produit, dépend du nombre de bestiaux que l'on nourrit. Cependant il n'est que trop vrai aussi, qu'une somme énorme d'engrais sont perdus faute de savoir préparer, conserver et utiliser à propos le fumier.

En effet, chez un trop grand nombre d'agriculteurs, voici la manière détestable d'agir :

Les litières une fois retirées des étables. sont jetées dans un creux où viennent se réunir les eaux pluviales provenant, soit de l'égout des toits, soit du terrain plus élevé de la circonférence. Le tout reste exposé aux ardeurs du soleil pendant l'été et aux déprédations des oiseaux de basse-cour. Quant au purin, si nécessaire à la confection des fumiers, à l'irrigation des prairies, il va se perdre dans quelque fossé, ou salir les mares et les chemins. D'autres enfin superposent leurs fumiers les uns sur les autres pendant une année entière, et ne se décident à les employer, que lorsqu'ils ne forment plus qu'un terrain gluant appelé *beurre noir*, qu'on ne peut enlever qu'avec une pelle, et éparpiller dans les champs qu'en le déchirant avec les mains. Eh bien ! en agissant ainsi, le cultivateur a sacrifié et perdu la moitié de ses engrais.

Une habitude plus détestable encore et qui met le comble à l'incurie, c'est de conduire le fumier bien avant le temps qu'il doit être retourné en terre, et de le laisser en tas sur le champ des semaines entières. Qu'arrive-t-il alors? Les endroits où le fumier a ainsi séjourné, grâce aux pluies qui surviennent, se trouvent démesurément engraissés, tandis que le reste du champ ne reçoit que les débris d'un fumier desséché et aride. Et voilà cependant ce que l'on voit encore de nos jours dans certains de nos départements. Mes conseils ne seront donc pas sans utilité. Je les réunis sous trois chefs différents. 1° Des litières et de leur aménagement ; 2° Installation de la place à fumier ; 3° Emploi du fumier.

I. — DES LITIÈRES.

Les déjections des animaux sont sans doute la base du fumier : mais les litières en sont aussi l'accessoire indispensable. On emploie la plupart du temps, la paille de froment, de seigle, d'avoine et d'orge en litière ; toutefois, le cultivateur intelligent trouvera sous sa main, une foule d'autres matériaux qu'il peut sans frais employer à cet usage, et qui ont même plus de valeur pour la formation des fumiers, que la paille des céréales. Ainsi les tiges de navette, de pois, de colza, de fanes de pommes de terre, les chenevottes, etc., constitueront de bonnes litières et d'excellents fumiers. De cette manière, le cultivateur épargnera ses pailles de céréales qui sont d'excellents fourrages ; ce qui lui permettra d'entretenir un plus grand nombre de bestiaux.

L'aménagement ou la distribution de la litière dans les étables influe aussi d'une manière bien sensible sur le volume et la quantité des fumiers. Il faut la placer de telle sorte qu'elle reçoive le plus immédiatement possible les déjections et les urines des animaux, elle s'en empreigne d'autant plus aisément qu'elle est plus aplatie et plus divisée. La quantité de litière doit varier selon les espèces que l'on nourrit, ainsi les chevaux en exigent moins que les bœufs et les vaches, tandis que les porcs en veulent une proportion beaucoup plus forte.

Le cultivateur industrieux emploiera aussi, si les litières énoncées plus haut font défaut, les bruyères, les feuilles d'arbres, les genêts, etc., qui sont des litières plus fertilisantes que les pailles Il faut toutefois en exclure les feuilles de platane et de châtaignier, dont la décomposition s'opère très-difficilement, et qu'on ne peut utiliser qu'en les brûlant sur les champs.

II. — INSTALLATION DE LA PLACE A FUMIER.

La méthode que nous allons exposer pour la préparation de l'installation des fumiers est des plus simples et des moins dispendieuses. Choisissez à portée de l'étable un endroit à l'ombre que vous aplanirez et mettrez de niveau avec le sol environnant. Cet espace plus long que large variera selon le plus ou moins grand nombre de vos animaux; il sera glaisé de manière à ne permettre aucune infiltration. Les litières enlevées des étables sont déposées sur le tas au moins deux fois la semaine par couches épaisses, tassées fortement avec le pied, et protégées contre les rayons solaires et la déprédation des volailles. Une fois par mois, quelquefois deux, selon la température et les besoins de la lumière, on arrose le tas. Autour de votre fumier, pratiquez une rigole que vous entretiendrez toujours bien curée, et qui conduira tout le purin qui s'écoulera du fumier, dans un réservoir pratiqué à la partie la plus basse de l'écoulement. Le purin, ainsi conservé, servira à arroser le fumier et les prairies. Il en sera de même de celui des étables que vous aurez eu grand soin d'amener par une rigole, de l'écurie dans la fosse à purin.

III. — EMPLOI DU FUMIER.

Dans quel état convient-il d'employer les fumiers? Faut-il les conduire dans les champs à l'état frais? — Après une légère macération, après fermentation, ou réduit à l'état de terreau gluant ou beurre noir?

Il est certain d'abord que l'action du fumier est plus ou moins prompte selon le degré de composition dans lequel on l'emploie ; d'autre part chacun sait que c'est au moment de la granification que les plantes absorbent la plus grande quantité de matières organiques, et non à l'époque de la germination. Cela étant, le cultivateur intelligent donnera à son fumier un degré plus ou moins avancé de décomposition, selon la nature des plantes auxquelles il le destine, et, selon le temps qui doit s'écouler entre les semailles et la floraison. D'après cela, on comprendra aisément qu'il n'est pas plus rationnel d'employer un fumier à l'état frais pour une chenevrière, que de consacrer un terrain gluant à la fumure d'un champ de blé. Dans le premier cas, la décomposition des pailles s'opère trop lentement pour pouvoir activer la végétation, tandis que les propriétés fécondantes du terre au gluant s'affaiblissent trop vite pour agir efficacement au moment de la floraison des blés, c'est-à-dire, après un séjour de neuf mois dans la terre.

1. L'emploi des fumiers à l'état frais, c'est-à-dire, au sortir des étables, a été chaudement recommandé par d'éminents agronomes qui lui donnent la préférence sur toutes les autres préparations. Nous ne pouvons, sans doute, contester les avantages de cet engrais, il s'agit de fumer des céréales en automne; nous ne l'admettons pas, quand il s'agit de plantes qui ne doivent séjourner que quelques mois dans la terre ; parce que la putréfaction ne s'opère que lentement, et n'active pas assez énergiquement la floraison et la granification des plantes hâtives.

2. Les fumiers après macération, c'est-à-dire après avoir été saturés des urines et des excréments des animaux, sont préférables selon nous, à tous les autres engrais, même pour les plantes qui doivent rester longtemps en terre. On peut paralyser la fermentation, au moyen du plâtrage. Les cultivateurs qui emploient cette méthode, retirent des avantages immenses de leur fumier.

3. Après fermentation, les fumiers ne valent plus les précédents, puisque leurs effets sont de plus courte durée, et que leur volume est considérablement diminué par un long séjour en tas. Cependant, ces fumiers ont une valeur réelle, sont préférables même aux précédents, quand il s'agit de plantes hâtives; comme le chanvre, le colza et les pommes de terre.

Quant aux fumiers réduits à l'état de terreaux gluants, nous ne concevons pas les cultivateurs, qui, fondés sur une opinion erronée, attendent jusqu'à ce moment pour les employer.

La perte en volume est de plus de moitié ; 100 mètres cubes d'un fumier normal produisent tout au plus, quand ils sont réduits à l'état de terreau, 66 mètres, même moins. Ce fumier divise mal la terre, l'éparpillement en est pénible, inégal. Que de gerbes perdues par cette regrettable illusion!

Toutefois si nous le proscrivons pour la culture des champs en général, nous devons faire des réserves pour son emploi sur les prairies, où il a plus d'efficacité que tous les autres fumiers.

Concluons ces observations par ces paroles d'un agronome célèbre : On peut à la première vue juger de l'industrie, du degré d'intelligence d'un cultivateur, par le soin qu'il donne à son tas de fumier, et l'emploi qu'il sait faire de son engrais.

Maladies des poules, des pigeons, des lapins. Leurs remèdes.

I

Les plus fréquentes des maladies des poules sont la pépie la goutte et la diarrhée.

La pépie ne provient pas, comme on le croit communément, du manque d'eau ou de la mauvaise qualité de l'eau offerte aux poules pour boisson; elle éclate inopinément sans cause connue, parmi les volailles abreuvées d'eau très-pure. On conseille d'enlever avec la pointe d'une aiguille, la pellicule blanche de nature cornée, qui se forme sur la langue des poules atteintes de la pépie, et dont elle est le symptôme le plus saillant Ce remède est d'une efficacité douteuse, surtout dans une basse-cour très-peuplée Il y a des exemples de guérison, par le régime de son mouillé, donné uniquement pendant quelques jours. Le mal se dissipe parfois de lui-même, mais il est souvent mortel.

La goutte se manifeste par le gonflement des pattes, qui deviennent si douloureuses que les poules commencent par boiter et finissent par ne plus pouvoir marcher. La goutte des poules se guérit sans l'emploi d'aucun remède, en les tenant dans un local sec et chaud.

La diarrhée provient souvent d'une nourriture trop mouillée et trop aqueuse. On rétablit le volatile en le nourrissant de pois cuits, de chènevis, d'orge et de pain trempé dans du vin.

II

Les maladies principales des pigeons sont l'apoplexie, le polype et le chancre.

Apoplexie. Une nourriture échauffante, est la cause de cette maladie. On saignera l'animal, en lui coupant un ongle à chaque patte, et en les lui plongeant dans l'eau tiède.

Le polype. Sorte d'excroissance charnue qui vient dans le gosier des pigeons et qui l'étouffe. Il faut couper adroitement cette excroissance lorsque cela est possible, et brûler sa racine avec la pierre infernale. Si le polype reparaît, l'oiseau est perdu.

Le chancre. Maladie très-contagieuse, ordinairement causée par une fausse mue. Il faut ouvrir le bec de l'oiseau malade, et enlever avec un pinceau de charpie trempé dans du vinaigre coupé, les mucosités qu'on verra dans sa bouche; s'il y a des ulcérations, il faut les brûler avec la pierre infernale.

III

Les trois maladies les plus graves dont sont attaqués les lapins sont: La bouteille, ou gros ventre, l'ophthalmie et l'étisie.

La bouteille, ou gros ventre, est causée par des globules d'eau qui séjournent dans l'estomac du lapin et amènent sa mort. Il faut donner au lapin malade une nourriture sèche, de l'orge grillé, du regain, du thym, du serpolet, de la sauge, et bientôt cette maladie sera guérie.

L'ophthalmie ou mal d'yeux. Vers la fin de leur allaitement, les petits sont quelquefois attaqués d'ophthalmie qui les fait périr en grand nombre. Cette maladie provient de la saleté, et de l'air varié qu'ils respirent dans une cabane mal soignée. Il faut purifier la cabane et transporter les animaux attaqués, dans des endroits propres et garnis de paille fraiche.

Etisie. Cette maladie causée par l'humidité et le manque de soins est très-dangereuse ; les lapins en sont principalement attaqués dans leur jeunesse. Ils deviennent d'une maigreur extrême, perdent l'appétit et leur corps se couvre d'une gale abondante qu'il est très-difficile de guérir; enfin ils meurent dans de fortes convulsions. Il faut séparer les lapins attaqués des bêtes saines, car cette maladie est contagieuse. Comme moyen préservatif, tenir le clapier propre et bien aéré.

APICULTURE

DES ESSAIMS.

Manière de les amasser.

Chaque année, lorsque la population de la ruche devient trop considérable, il se forme des essaims, c'est-à-dire qu'une partie des abeilles quitte la ruche pour chercher une habitation nouvelle; ce qui arrive ordinairement du 15 mai au 1er juillet. On épie alors la sortie de l'essaim, qui le plus souvent a lieu, entre dix heures du matin et trois heures du soir.

L'apiculteur revêtu d'une espèce de masque à visière treillagée, d'un pantalon lié autour du bas des jambes, et muni de gants épais, tâche de diriger l'essaim émigrant vers les ruches.

Lorsqu'il prend une mauvaise direction, on lui lance de l'eau, de la terre ou du sable. Si, malgré cela, les abeilles continuaient à fuir ou à s'élever, un moyen de les arrêter est de les poursuivre en frappant sur une faux ou sur un chaudron, ou encore de tirer un coup de fusil ou de pistolet chargé à poudre.

Très-souvent l'essaim se groupe autour d'une branche, ou se pose sur un endroit à portée de la main; il ne faut alors pas perdre de temps pour le prendre, ou tout au moins pour le mettre à l'ombre, s'il est exposé au soleil; car il pourrait partir pour aller se poser ailleurs.

La ruche, qui doit recevoir l'essaim, tenue propre et frottée à l'interieur de feuilles de fèves ou de noisetiers, et enduite d'eau miellée en quelques endroits est tenue renversée sous la branche, et reçoit le groupe d'abeilles que l'on détache avec la main, où avec un petit bâton.

Lorsque les abeilles sont réunies, on retourne la ruche que l'on place sur un plateau, et que l'on protège contre les ardeurs du soleil, au moyen d'un linge mouillé; le soir, lorsque toutes les abeilles sont rentrées, on la porte au rucher.

Si l'essaim s'est réfugié dans le creux d'un arbre, ou dans un trou de mur, on trempe une branche feuillée dans de l'eau miellée et on la place tout près de l'ouverture; les abeilles s'y réunissent, en formant un groupe épais que l'on secoue et fait tomber dans la ruche préparée.

En général, la reine se trouvant dans le groupe recueilli, on réussit tout d'abord; mais si elle avait échappé, il faudrait recommencer.

Il arrive quelquefois, qu'un essaim retourne à la ruche mère, immédiatement après en être sorti; c'est l'indice que la femelle n'est pas avec lui; il ressortira le lendemain ou le surlendemain. Mais si l'essaim quitte sa nouvelle ruche un jour ou deux après y être entré, c'est une marque qu'elle ne lui convient pas. Il faut la changer et flamber la ruche rebutée, si on veut l'employer de nouveau.

Deux essaims faibles, sortis en même temps d'une seule

ruche ou de deux ruches différentes, peuvent être réunis ensemble. Pour que l'opération réussisse, il faut que l'une des deux reines périsse. Ce qui arrive ordinairement : car les deux reines se livrent un combat acharné, qui se termine par la mort de l'une d'elles.

Un bon essaim doit se composer de vingt à vingt-cinq mille abeilles, et pese deux kilogrammes et demi à trois kilogrammes.

(La suite à l'année prochaine.)

ARBORICULTURE

GREFFES EN ÉCUSSON.

On distingue la greffe en écusson à *œil poussant*, et la greffe en écusson à *œil dormant.*

1. La première de ces greffes se pratique de mai en juin, et s'appelle à *œil poussant*, parce que, effectivement, l'œil est destiné à pousser immédiatement, ce qu'on facilite, par la suppression, au-dessus de la greffe, de la partie du sujet qui la dépasse, sauf un *œil d'appel*, qu'on n'abat qu'après la reprise.

2. La seconde se fait, de fin juillet à septembre, et s'appelle à *œil dormant*, parce que, alors, elle se soude seulement, pour ne pousser qu'au printemps suivant, époque où on supprime la portion du sujet supérieur à la greffe, lorsqu'elle a pour but de former un prolongement.

Si l'on greffe au printemps, on prend les écussons sur les rameaux choisis à la taille et piqués au pied des arbres; —

si l'on greffe à l'automne, on coupe un ou plusieurs rameaux de l'arbre que l'on veut reproduire, et on choisit ceux sur lesquels les yeux sont bien constitués.

Manière d'opérer. — L'écusson consiste dans une plaque d'écorce, partant vers son milieu d'un œil bien constitué, accompagné de la portion de pétiole conservée, et à laquelle adhère, en dessous, une couche très-mince d'aubier. Cette plaque d'écorce s'obtient en faisant sur le rameau greffe, une incision au-dessous de l'œil choisi, à l'aide d'une lame de canif, que l'on glisse aussitôt entre l'écorce et l'aubier. Rien de plus facile. — Il est essentiel cependant, que l'œil de l'écusson ne soit pas vidé dans cette opération, ce que l'on reconnait à la petite saillie qu'il doit former en dedans. Si, à sa place il y avait une cavité, l'écusson serait à rejeter, car on ne grefferait que de l'écorce.

On fait en même temps, sur l'écorce du sujet, une incision horizontale, puis une seconde perpendiculaire à celle-ci, ce qui forme un T. On glisse sous les lèvres de ces incisions la lame du canif ou la spatule du greffoir, pour les détacher de l'aubier, puis, tenant l'écusson par la partie du petiole conservée, on l'introduit sous ces lèvres, que l'on rabat ensuite, en appuyant fortement avec les deux pouces de chaque côté de l'œil, sans y toucher; on ligature enfin, en faisant passer les révolutions de la laine au-dessus et au-dessous du bouton qui reste libre.

Qu'on greffe au printemps ou à l'automne, l'opération est semblable.

(*La suite de la greffe à l'année prochaine.*)

ÉCONOMIE RURALE.

Les camps-volants et voleurs.

Nous commençons à retrouver sur nos routes et nos grands chemins ces familles nomades et vagabondes connues dans nos campagnes sous le nom de *camps-volants* Avant la guerre, et depuis plusieurs années déjà, ces hommes et femmes, que souvent nul lien civil ou religieux n'a réunis, étaient devenus très-nombreux. Leurs enfants plus nombreux encore fatiguent les voyageurs de leurs importunités, et prélèvent sur nos villages, en secours de toute nature, de fortes contributions. Nous avons tous dans notre voisinage et à notre connaissance des familles pauvres et laborieuses qui vivent beaucoup plus mal que ces inconnus dont la seule occupation est de traîner de village en village leur perpétuelle oisiveté.

Quelques-uns ont un métier ou une industrie; mais c'est presque toujours insuffisant pour les faire vivre et ils restent plus ou moins à la charge de la charité publique. Qui n'a entendu à ce sujet se plaindre de la police? Elle devrait, dit-on, surveiller tous ces gens sans feux ni lieux, car il s'en faut qu'ils soient toujours honnêtes. La marmite qu'ils établissent sur le bord de la route s'alimente avec les pommes de terre des champs voisins et se chauffe avec les échalas des vignes environnantes.

On se fait aujourd'hui une réflexion désobligeante pour tous ces rôdeurs, elle n'est que trop fondée : c'est que ces mêmes hommes qui vivent à nos dépens en temps de paix ont servi nos ennemis pendant la guerre. On dit même que, sous le déguisement de petits marchands ambulants, des espions Prussiens ont exploré la France.

Les sociétés secrètes se servent aussi de ces intermédiaires. A la veille des crises déplorables que ces sociétés nous ont fait traverser, l'observateur attentif a pu voir circuler plus nombreux et plus actifs les ouvriers cherchant de l'ouvrage, les colporteurs de bijoux et de lunette, ou simplement de crayons ou de papier à lettre. Je me suis demandé plus d'une fois comment on pouvait vivre et même se payer de temps en temps le luxe des 3es en chemins de fer avec les bénéfices d'un commerce dont la mise de fonds au grand complet va bien à cinq francs. Mais les propos que j'ai entendus de la bouche de ces voyageurs m'ont fait penser que le commerce inoffensif des plumes de fer ou d'acier cachait un autre commerce beaucoup moins innocent.

Il est donc à souhaiter que la police s'occupe de tous ces vagabonds. Quand on a de la fortune, on peut se permettre la fantaisie de changer de place continuellement; on n'incommode personne. Si même le cœur vous en dit, vous pourrez vous préparer une épitaphe originale comme celle que se donna au siècle dernier le chevalier de Boufflers :

Cy gist un chevalier qui sans cesse courut,
Et qui sur les chemins, naquit, vécut, mouru,
Pour prouver ce qu'a dit le sage
Que notre vie est un voyage.

Mais quand on n'a à colporter de porte en porte que du sable noir ou jaune pour nettoyer les chenets, m'est avis qu'il faut rester chez soi, si on a le bonheur d'avoir un chez-soi, ou du moins il faut se fixer quelque part et travailler; sans quoi le gendarme pourra sans être trop curieux, vous interroger sur vos moyens d'existence, et s'il n'est satisfait de vos réponses, restreindre votre liberté d'aller et de venir. L'ordre public et les bonnes mœurs y gagneront. L'agent de police lui-même sera beaucoup mieux dans son rôle qu'en surveillant les honnêtes gens, comme cela se faisait trop souvent sous l'Empire. Chacun son métier...., et il n'y aura pas que les vaches qui seront bien gardées.

Hygiène.

ALTÉRATION DES FARINES.

La farine contient, suivant les années, l'état sec ou humide au moment de la récolte et les circonstances de la conservation des blés, de douze à dix-huit pour cent d'eau. On la dessèche aisément à l'aide d'un courant d'air chauffé de cinquante à cent dix degrés. Si la dessication avait lieu par un chauffage brusque à la température de quatre-vingt à cent dix degrés, au moment où la farine serait encore très-humide, le gluten éprouverait une sorte de coagulation ; les granules d'amidon seraient agglomérés en partie : on ne pourrait plus alors obtenir de cette farine une pâte liante, homogène, extensible, exempte de grumeaux : elle donnerait un pain mat et de consistance irrégulière. A ces caractères de la farine et de ses produits, l'altération serait facile à reconnaître.

Dans la plupart des cas, l'excès d'humidité est la cause principale de l'altération des farines, surtout durant les saisons où la température est douce ou élevée ; sous ces influences, elles s'agglomèrent, fermentent, s'échauffent ; elles acquièrent de l'acidité ; des moisissures et parfois des insectes s'y développent ; une odeur désagréable se manifeste. Toutes ces réactions modifient défavorablement le gluten, qui perd en partie son extensibilité : en sorte que l'on ne peut obtenir de ces farines, suivant leur degré d'altération, qu'un pain mal levé, d'une nuance grisâtre et offrant une odeur désagréable plus ou moins sensible.

Une cause plus générale encore de la détérioration des farines dépend des altérations du blé.

Chaque année, dans les greniers, durant les chaleurs et malgré les soins ordinaires du pelletage, les blés en tas s'échauffent, les charançons s'y multiplient à l'état de larves et d'insectes parfaits, et dévorent la partie farineuse du périsperme des grains, laissant dans la cavité qu'ils abandonnent leurs déjections et une humidité qui bientôt occasionne d'autres altérations consécutives, des moisissures, des fermentations acides et putrides.

Quels que soient les nettoyages effectués ensuite sur les grains, une grande partie des résidus de ces altérations restent adhérents aux blés et passent dans les sons et farines, introduisant des causes d'insalubrité notables dans la base de l'alimentation des hommes et dans la nourriture des animaux, qui doivent eux-mêmes fournir, par leurs produits en lait et viande, une portion indispensable de l'alimentation humaine.

Qui pourrait assurer, que ces altérations, plus ou moins insalubres, sont sans influence notable sur la santé publique, qu'elles ne peuvent aggraver ces affections générales dont les causes sont ignorées, et qui font tous les ans de nombreuses victimes?

Cependant il existe un moyen simple, économique, efficace de préserver les blés de toute altération, d'assurer, par conséquent, la base première de la bonne qualité ainsi que de la conservation des farines, d'améliorer l'une des conditions les plus importantes de l'hygiène publique. C'est l'emploi du grenier mobile (grand cylindre creux divisé en huit compartiments, contenant jusqu'à 1100 hectolitres et tournant sur son axe), inventé par Vallery. Les commissions scientifiques, agricoles et administratives de l'Institut, de la Société d'agriculture, de la Société d'encouragement, des ministères de la guerre et de la marine, comme le jury central de l'Exposition des produits de l'industrie française, ont unanimement reconnu la parfaite conservation des grains, même enfermés humides, dans cet appareil. En des circonstances où les blés se détérioraient profondément dans les greniers ordinaires, et perdaient en une année, par suite des attaques des charançons, dix ou douze pour cent de leur substance nutritive, le grenier mobile a conservé le blé complétement intact pendant deux ans, avec sa propriété germinative, sans qu'il ait subi la moindre déperdition réelle ; devenu plus uni, plus glissant, il avait *acquis de la main*, c'est-à-dire que le frottement des grains les uns sur les autres avait poli leur superficie et avait rendu leur apparence plus belle en faisant évaporer l'eau par la ventilation et en faisant tomber à l'extérieur les poussières, les charançons et les autres corps étrangers plus petits que les grains de blé.

L'application générale de cet excellent procédé de conservation aurait certainement pour résultat de régulariser la qualité des grains en France et jusqu'à un certain point leur prix, en facilitant les approvisionnements. De tels résultats, qui intéressent au plus haut point la fortune et la santé publiques, n'ont malheureusement pu suffire jusqu'à ce jour pour vaincre l'indifférence du plus grand nombre, ni, peut-être, l'opposition et la puissance d'inertie de ceux qui trouvent de grandes chances de bénéfices dans les variations fréquentes des cours et des qualités des grains et des farines.

(*Extrait de la bibliothèque des chemins de fer.*)

La production de la vigne en France a singulièrement progressé depuis moins d'un siècle.

Cette production était :

En 1788 de 23,000,000 d'hect. de vin.
En 1808 de 28,000,000 —
En 1848 de 51,000,000 —
En 1858 de 46,000,000 —
En 1864 de 51,000,000 —

On vient de vendre les anciens vins en caves de Château-Lafite.

Nous lisons dans la *Gazette du Village :*

Un de nos correspondants, M. Brun, nous a fait remettre, il y a quelques jours, un échantillon du *blé de Sainte-Hélène*, qu'il a récolté, avec une lettre dont nous détachons ce passage :

« Mon frère vous remettra deux épis d'une sorte de blé dite *blé de Sainte-Hélène*, ou pétanielle rousse ; l'un des épis a été coupé avant sa maturité, afin qu'il conservât mieux sa forme ; et l'autre parfaitement mûr, pour vous en montrer encore le grain. Vous verrez ainsi, après les quelques mots que je vais en dire, si ce blé ne mériterait pas d'être essayé par les amis du progrès agricole.

« Ici, on le sème huit à dix jours plus tôt que ces congénères d'automne, et on le moissonne toujours le dernier. Il n'y a encore que quatre ans que je le connais, et tout le monde en a déjà, parce que c'est le plus productif qu'on ait rencontré jusqu'ici, surtout pour les terrains gras, où les versées des autres blés sont à redouter ; celui-là ne verse point. Tallant bien plus que les autres qualités, la moitié de la semence ordinaire est plus que suffisante. Et, tout en ne mettant qu'un hectolitre au plus par hectare, on est presque assuré d'y récolter trois fois plus que si l'on y eût mis deux ou trois hectolitres d'autre semence sujette à la versée.

« L'épi de ce blé a une forte barbe tant qu'il n'est point mûr, et la perd presque entièrement en mûrissant. Ce qu'on y trouve de plus curieux, c'est d'y voir quatre ou cinq petits épis sortant de chaque côté du grand, et formant ensemble un bel épi multiple, ou plutôt un bouquet d'épis de neuf à onze (un grand au milieu et huit à dix autour), contenant de cent à cent vingt grains en tout. Cette année, les rosées blanches tombées deux fois en juin et une fois en août, dans notre froide plaine, à la suite de ces effroyables coups de mistral, ont considérablement empêché le développement ordinaire des épis de ce blé, comme aussi celui de toutes les autres espèces ; sinon, les autres années, les épis dudit blé dépassaient *cent grains*, et quelques-uns *cent vingt*. Or, ce blé tallant beaucoup, s'il est clair-semé dans un bon terrain, chaque tige vous montre sept ou huit, parfois même jusqu'à dix, de ces magnifiques épis bouquets d'une centaine de grains chacun.

« D'après cela, il est facile de juger de son rendement et de voir s'il ne mérite pas d'être essayé, au moins en petit d'abord, comme je l'ai fait moi-même, qui ai commencé par semer les grains d'un seul épi, qu'on me dit avoir trouvé aux environs de Toulon, et qui n'était certes pas aussi beau que les moindres qu'on récolte ici depuis trois ans. Il avait pourtant une cinquantaine de grains encore, que je semai dans mon jardin d'essais, où je récoltai 459 épis bien plus beaux que le premier. J'en donnai une partie aux amateurs du pays, réservant pour moi les plus beaux, et les semant de nouveau, en partie au jardin pour perfectionner encore la semence, et le reste en plein champ. Les autres personnes en ayant fait de même, on a toujours tout semé, et ce ne sera que de cette dernière récolte qu'on commencera d'essayer le pain que fera le blé nouveau, si toutefois on ne vend pas aux étrangers qui en ont demandé, ou qui en demanderont, tout ce qu'on peut avoir de reste pour semence.

« Daignez agréer, etc.

« Brun,
« Instituteur à Soleilhas, par Castellanne
« (Basses-Alpes). »

Les échantillons que nous a envoyés M. Brun sont parfaitement conformes à la description qu'on vient de lire. On sait combien il importe de choisir de bonnes semences et de les renouveler de temps en temps. Nous ajoutons donc avec plaisir que M. Brun met à la disposition de ceux qui seraient curieux de tenter un essai, de petits paquets de semence qu'il enverra *franco*, contre la somme de un franc en timbres postes. Espérons qu'on nous saura gré d'avoir publié cet avis.

P. Levillain.

Le *Cosmos* raconte en ces termes comment un propriétaire de Neuville-les-Dames (département de l'Ain), est parvenu à détruire les vers blancs qui infestaient ses terres :

« Ayant observé que ses chiens de chasse étaient très-friands de vers blancs, M. Perrusset a commencé par les conduire sur ses terres au moment des labours. En les promenant dans les sillons, immédiatement après le passage des charrues, il les a très-promptement accoutumés à manger les vers à mesure que le labour les mettait à découvert. Tous ces chiens montrèrent bientôt pour ce genre d'aliment un goût si prononcé qu'il allait jusqu'à la gloutonnerie. Guidés par leur odorat, ils dénichaient même les vers sous la légère couche de terre qui, parfois, les recouvrait encore, en la grattant avec une ardeur véritablement fébrile. Souvent, à force d'en manger, ils y gagnaient des indigestions ; mais, après s'être débarrassés, à la mode des convives de Lucullus, de ce qui surchargeait leur estomac, ils s'empressaient aussitôt de revenir au festin, détruisant ainsi, avec autant de minutie que de promptitude, des quantités énormes de vers blancs. »

ÉCONOMIE DOMESTIQUE.

Voici la statistique de la récolte en France, pour l'année 1871 :

La récolte des blés a été très-bonne dans 3 départements, bonne dans 23, passable dans 19, et en Algérie, très-mauvaise dans 10.

La récolte des seigles est très-bonne dans 30 départements, bonne dans 44, passable dans 7, médiocre dans 5 et en Algérie, mauvaise dans 1, très-mauvaise dans 1.

La récolte des avoines est très-bonne dans 8 départements, bonne dans 60, passable dans 11, médiocre dans 2. 8 départements produisent peu ou point d'avoine.

La récolte des orges a été très-bonne dans 26 départements, bonne dans 47, passable dans 8, médiocre dans 1, mauvaise en Algérie, 8 départements produisent peu ou point d'orge.

Voici encore un remède à la maladie des pommes de terre :

« Quand on s'aperçoit que les fanes (ou feuilles des tiges) de pommes de terre commencent à sécher — ce qui arrive ordinairement vers le milieu d'août, ou un peu plus tard au commencement de septembre — il faut couper les tiges à ras de terre et même plus bas, et la maladie est détruite comme par enchantement.

« Les tubercules n'étant point atteints par le *virus*, qui vient d'en haut, grossissent et arrivent à parfaite maturité sans inconvénient et sans retard. »

A l'appui de cette thèse, notre correspondant cite plusieurs expériences très-curieuses et parfaitement concluantes.

Quoi qu'il en soit, comme le moyen est facile à mettre en pratique, qu'il n'en coûte rien qu'un peu de temps, que d'ailleurs — et en tout état de cause — il ne peut causer aucun préjudice à la récolte, nous engageons vivement nos lecteurs à tenter l'expérience; nous avons dans la réussite la plus grande confiance.

Nouvelle maladie de la vigne.

Une nouvelle maladie de la vigne que les savants et les praticiens attribuent à l'existence d'un puceron dit Phylloxera vastatrix dont l'existence a été constatée sur les racines de la vigne, a déjà fait des ravages dans certaines contrées de la France.

Certaines précautions peuvent être prises utilement par les propriétaires de vignobles infectés.

Voici les conseils donnés à ce sujet par la commission centrale instituée près du ministère de l'Agriculture et du Commerce.

La Commission conseille aux viticulteurs d'arracher scrupuleusement tous plans de vigne dont les racines sont attaquées par le puceron, de remuer profondément le sol pour mettre à découvert toutes les racines et de brûler sur place le cep et les racines, en ajoutant les broussailles nécessaires pour soumettre la terre infectée de pucerons à un fort écobuage.

Dans le cas où l'insecte attaque les feuilles, il y développe des galles placées à leur face intérieure, véritables nids pleins d'œufs et d'insectes destinés à se répandre sur les racines.

Pour arrêter leur propagation, il est indispensable d'enlever, avec le plus grand soin, toutes les feuilles attaquées.

Les ceps attaqués s'étiolent et jaunissent jusqu'à ce qu'ils soient complètement desséchés.

Pour que les intéressés soient à même de reconnaître plus facilement le caractère de la maladie et de distinguer les feuilles atteintes, ils pourront consulter la note publiée par la commission centrale, dont un exemplaire est déposé à la préfecture.

Nous lisons dans une revue agricole : « Un agriculteur prétend avoir trouvé le moyen d'accroître le rendement de la pomme de terre dans des conditions très-considérables. La chose n'est pas difficile. Il suffit de fumer le champ de pommes de terre avec de la cendre de bois ; on obtient d'abord une récolte cinq fois plus forte qu'avec le fumier ordinaire, et si on répand sur la terre les cendres avec excès, on arrive à un rendement cent fois plus grand. C'est une expérience qu'il est bon de tenter, et en tout cas elle est facile à faire. »

Le *Cosmos* entreprend la réhabilitation de la guêpe. Personne, dit ce journal, n'aime ce petit animal, par la raison bien simple qu'on le regarde généralement comme un parasite fort inutile d'abord, et fort dangereux ensuite.

La guêpe, en effet, n'est pas toujours un voisin fort commode, et cependant, si décriée qu'elle soit, il faut savoir reconnaître les services qu'elle rend à l'humanité.

La guêpe a reçu de la nature la mission de débarrasser l'homme des mouches charbonneuses dont la piqûre n'est que trop mortelle, et pour arriver à ce but, il n'est pas besoin pour elle de se servir de son aiguillon.

Lorsqu'un animal mort reste abandonné dans les campagnes, son cadavre ne tarde pas à se décomposer et à se couvrir de petits vers blancs à peine visibles, qui sont déposés par de grosses mouches noires ou grises, ou bien encore aux couleurs métalliques. Les guêpes, très-friandes de ces vers, chassent les mouches et s'empressent de débarrasser les cadavres de ces hôtes dangereux, empêchant par là que la décomposition ne soit aussi complète.

Il est, du reste, à remarquer qu'il suffit de voir une guêpe se poser sur un cadavre, pour qu'aussitôt les mouches s'en éloignent au plus vite. Elles contribuent donc par leur présence à délivrer l'homme des dangers que lui font courir les mouches charbonneuses, et, à ce point de vue, elles méritent qu'on épargne leur existence.

Les guêpes, dit-on, se multiplient avec une effrayante rapidité ; le fait est vrai ; mais le plus léger froid les tue promptement ; il est rare, d'ailleurs, qu'elles se servent de leur aiguillon quand on ne les excite pas. Il est donc préférable pour l'homme de les laisser vivre, puisqu'elles sont à même de lui rendre les plus importants services.

Le choléra des volailles.

On signale de temps en temps les épouvantables ravages que fait, dans les basses-cours, le fléau connu sous le nom de « choléra des volailles. » Poules, dindes, oies, pintades, canards, peuvent en être victimes, et les lapins eux-mêmes peuvent contracter l'affection.

Nous résumons les intéressantes observations faites sur cette maladie par un médecin-vétérinaire.

Cette maladie, qui coïncide assez souvent avec des épidémies, et comme le choléra asiatique, ou d'autres épizooties, est éminemment contagieuse ; toutefois les inoculations du virus faites accidentellement sur l'homme n'ont jamais eu de suites fâcheuses.

Les précautions hygiéniques pour prévenir ou diminuer le mal ne doivent pas être négligées ; cependant elles sont depuis reconnues insuffisantes.

Voici la marche ordinaire de la maladie :

Au début, il y a perte de la gaieté, cessation du chant pour les coqs, de la ponte pour les poules ; les mouvements deviennent plus lents ; les ailes sont tombantes, les plumes hérissées, la crête et les barbillons moins fermes, la tête basse. A ces premiers symptômes se joignent une diarrhée blanche, quelquefois jaunâtre, sanguinolente, répandant une odeur fétide ; perte d'appétit, augmentation de la soif, bave muqueuse et filante. L'extrémité de la langue présente le bouton caractéristique de la pépie ; l'abattement devient de plus en plus prononcé, le dos se vousse ; l'animal ne pouvant plus se tenir debout, se couche, ferme les yeux, tombe dans un engourdissement profond ; quelquefois il y a des crampes violentes, un hoquet persistant, et la maladie se termine par la mort dans d'atroces souffrances.

A peine quatre ou cinq pour cent des animaux atteints par le fléau échappent à la mort.

La première précaution à prendre en présence du mal c'est d'empêcher toute communication entre les animaux malades et ceux qui ne le sont pas ; et de n'omettre dans aucun cas l'enfouissement des animaux morts et non consommés.

On a préconisé comme remèdes, le quinquina, la gentiane, les boissons acidulées, les alcooliques, l'eau salée ; remèdes impuissants, et même la saignée préventive, qui ne peut que prédisposer à contracter la maladie.

Après bien des expériences, M. Landrin croit avoir trouvé un médicament sûr dans ses effets et propre à constituer ainsi la base d'un traitement préventif.

Il faut supprimer aussi bien aux animaux en bonne santé qu'à ceux qu'on a séquestrés, l'eau des boissons, quelle que soit la pureté, et donner en place l'infusion ou la décoction de la plante connue sous le nom « d'herbe à Robert, bec de grue. » (*Geranium Robertianum*). Cette plante très-commune dans nos pays, à odeur forte, possède des propriétés astringentes, antispamodiques et toniques très-propres à combattre la plupart des symptômes de la maladie en question. Il est bon de continuer l'emploi de ce médicament quelques semaines encore après la disparition complète de la maladie, et de varier les aliments le plus longtemps possible.

Nous devons ajouter aussi qu'il résulte des observations et de l'expérience personnelle du savant docteur, que les oiseaux malades peuvent être consommés sans aucun danger par les autres animaux, tels que les chiens, et même par l'homme. La chair est tout aussi délicate, tendre et succulente que dans l'état de santé parfaite.

Parmi les animaux nuisibles, l'un des plus redoutables est le hanneton, qui à l'état de larve, ravage le sous-sol, dévore les racines, et, à l'état parfait, mange les feuilles et les bourgeons. Au printemps dernier, on en a ramassé, dans le bois de Vincennes seulement, du 25 avril au 29 mai, quatre cents hectolitres, contenant ensemble douze millions de hannetons ; M. Millet, inspecteur des forêts, a estimé que, dans le seul département de la Seine-Inférieure, les ravages causés par les hannetons en 1869 s'élèvent à 25 millions.

Parmi les animaux protecteurs de l'agriculture, on remarque, outre les oiseaux, la chauve-souris (l'hirondelle nocturne); le hérisson, la taupe, la couleuvre (qui ne vit que d'insectes et de souris), le lézard, le grillon, la coccinelle (bête à bon Dieu), la fourmi, puis deux pauvres diables qui sont l'objet d'une répulsion générale : le hibou et le crapaud.

Ce dernier surtout est le plus laid, le plus repoussant des êtres, ses pustules renferment une matière viqueuse et fétide, mais c'est justement cette liqueur qui, éloignant de lui tous les rapaces et les carnassiers, lui permet d'exterminer les myriades d'animalcules dont il fait sa pâture. C'est l'auxiliaire du vigneron et du maraicher ; il s'acharne après les cloportes, les limaces et les limaçons; aussi l'agriculteur intelligent, au lieu de la guerre à outrance qu'on lui faisait autrefois, le couvre-t-il de sa protection et l'introduit-il dans ses cultures, à l'exemple des horticulteurs anglais.

C'est à cause des services qu'ils rendent qu'aujourd'hui les crapauds se vendent 2 fr. 50 c. la douzaine au marché de Paris, et 7 fr. 50 c. au marché de Londres.

La Fontaine avait bien raison de dire :

Garde-toi, tant que tu vivras,
De juger les gens sur la mine.

L'art d'élever les lapins.

Ce qui n'était autrefois qu'une simple plaisanterie est devenu une question économique de la plus haute importance.

La peste bovine a causé d'énormes ravages dans toute la France, et il faudra bien des années aux éleveurs de bestiaux pour réparer les vides immenses de la population bovine.

En attendant, et pour faire face à cette disette de viande, un modeste animal se présente, le lapin, et si on lui objecte le petit volume de ses enfants, il peut répondre que s'il ne les produit pas gros, en revanche il se rattrape sur la quantité.

On connaît la fécondité du lapin. Elle est devenue proverbiale et même emblématique. Il existe, dans une petite ville de la Marne, Sermaize, un établissement d'eaux minérales dont la fontaine principale est ornée d'une mère lapine entourée de sa famille. Les jeunes mariées qui vont boire à cette fontaine sont assurées de voir se réaliser par eux la conclusion des contes de fées : « Ils vécurent heureux et eurent beaucoup d'enfants. »

Un naturaliste, peut-être un peu gascon, Wotten, prétend que, une seule paire de lapins ayant été mise dans une île, il s'en trouva six mille au bout d'un an. Il est vrai que cette fécondité n'est encore rien auprès de celle de certains insectes parasites de l'homme qui, dans une seule nuit, dit-on, sont trente-six fois grand père.

Toujours est-il que le lapin se multiplie avec beaucoup de rapidité. Voici les chiffres donnés par un agriculteur sérieux, M. Eug. Gayot. Une lapine, enfermée dans une pauvre cabane, tenue dans une vieille caisse ou logée dans un tonneau hors de service, peut, dans l'année, donner sans fatigue, sept portées composées chacune de huit lapins, soit cinquante-six petits, qui entreront successivement dans la consommation du ménage dès l'âge de quatre mois pour les plus avancés et ceux qui viennent le mieux. Cela fait un lapin à manger par semaine.

Si l'on veut savoir ce que cela peut produire pour la consommation publique, le calcul en est facile à faire. Chaque élève atteindra facilement le poids net de deux kilogrammes et demi. Pour cinquante-six petits, produit d'une seule mère, c'est un poids total de cent quarante kilogrammes de viande. Pour un million de mères, ce sera cent quarante millions de kilogrammes de viande, de plus pour une année. Et l'on peut facilement porter le nombre des mères à deux millions.

Les frais de production sont presque nuls. Le point de départ est une mère, achetée trois ou quatre francs, et pouvant être conservée à la reproduction, sans perte de valeur, pendant trois ou quatre années. Bien des petits ménages peuvent élever une, deux, cinq, dix mères lapines, surtout à la campagne où la place est plus large pour l'installation et les ressources beaucoup plus grandes pour nourrir à peu de frais ce bétail nouveau.

On sait combien le lapin est facile à nourrir ; des herbes perdues pour la plupart, quelques débris de légumes, des épeluchures, un peu de grain, voilà tout ce qu'il lui faut. On peut lui donner certains aliments spéciaux pour améliorer le goût de leur chair. Un éleveur du dernier siècle, un gentilhomme voisin de campagne de Buffon, lui écrivait ceci à propos de ses lapins : « Je les nourrissais avec du son de froment, du foin et beaucoup de genièvre ; il leur en fallait plus d'une voiture par semaine ; ils en mangeaient toutes les baies, les feuilles et l'écorce, et ne laissaient que le gros bois. Cette nourriture leur donnait du fumet, et la chair était aussi bonne que celle des lapins sauvages. »

Un animal aussi utile mériterait bien qu'on racontât sa généalogie, qui remonte jusqu'au temps de la Grèce ancienne. Mais à quoi bon ? Il pourrait répondre avec Voltaire :

Qui sert bien son pays n'a pas besoin d'aïeux !

Espérons qu'il n'aura pas besoin d'autre apologie pour être bientôt propagé dans les campagnes et pour y remplacer dans les ménages pauvres la consommation du gros bétail. Il prouvera une fois de plus que le mérite ne se mesure pas à la taille. (*Constitutionnel.*)

Une découverte agricole.

Un berger conduit ses moutons aux champs. Mais il oublie son chien.

Les moutons rencontrent une terre ensemencée de lin, et malgré les cris et les efforts de leur conducteur, s'y installent et broutent au mieux.

Survient le maître du champ, lequel va chercher le garde-champêtre, lequel dresse un procès-verbal.

L'affaire est portée devant le juge de paix.

Ce magistrat se transporte sur les lieux, — c'était accomplir son devoir en conscience ; — il examine les prétendus dégâts causés par le troupeau, et, dans sa sagesse ultra-salomonienne, rend cet arrêt mémorable :

« Non-seulement l'intimé ne doit aucun dommage-intérêt

au maître du champ de lin, mais encore, en bonne justice, c'est celui-ci qui devrait des remercîments au propriétaire des moutons;

« Attendu que ces derniers, loin d'avoir touché à une seule tige de lin, et guidés par leur instinct, se sont contentés de brouter les mauvaises herbes qui auraient nui au développement des bonnes plantes, et ont même amendé la terre. »

A quoi tiennent souvent les découvertes!

Petites causes, grands effets.

Comme dans tout.

Si le berger n'avait pas oublié son chien, les moutons ne seraient pas entrés dans le champ de lin, le maître du champ n'aurait pas fait de procès, le juge de paix ne se serait pas dérangé pour estimer le dégat, et il n'aurait pu conséquemment révéler à l'agriculture qu'il lui serait avantageux de faire passer des troupeaux de moutons dans les champs de lin au lieu de les en éloigner. J. DENIZET.

— Il y a un moyen bien simple d'éviter les accidents occasionnés par le pétrole, nous l'indiquons gratis à toutes les ménagères. Il suffit de s'assurer que le litre de pétrole livré à la consommation pèse au minimum 790 grammes et au maximum 805.

Trop lourd ou trop léger, il peut être dangereux; mais ayant le poids que nous indiquons, il est très difficilement inflammable. Nous pourrions presque affirmer que le produit qui a causé tant d'incendies devait être un mélange de pétrole et d'essence minérale.

Depuis qu'elle a été mise en service, la nouvelle machine de Marly, successivement complétée, a pleinement répondu à sa destination, et aujourd'hui Versailles, Saint-Cloud et les localités environnantes lui doivent de recevoir en abondance l'eau qui leur manquait autrefois.

Cette machine, qui attire dans cette saison de nombreux visiteurs, se compose de six roues à palettes de douze mètres de diamètre, dont chacune met en jeu quatre pompes qui refoulent l'eau qu'elles aspirent jusque sur l'aqueduc de Marly, situé à 160 mètres de hauteur verticale. On termine en ce moment les sculptures décoratives du vaste bâtiment en pierres et briques qui renferme ce mécanisme curieux et autrement puissant que l'ancienne machine construite sous le règne de Louis XIV par de Ville et Rennequin.

Le *Progrès libéral* de Toulouse cite, à propos d'un remède contre le charbon, une lettre qu'il est utile de reproduire, en ce temps où les piqûres charbonneuses sont fort à craindre :

« J'apprends qu'une regrettable mère de famille vient de succomber aux atteintes d'une pustule maligne ou charbonneuse (charbon), résultat ordinaire de la piqure d'un insecte ayant pris, sur des cadavres ou des viandes en putréfaction, l'affreux virus qui la rend mortelle, si des secours prompts et énergiques ne viennent sauver le malade.

Trop souvent l'horreur des procédés chirurgicaux laisse sans secours un homme qui ne se résigne que lorsque tout est perdu ; mais, souvent aussi, il est permis à des personnes présentes de reconnaître le mal, la cause et les terribles effets malheureusement trop fréquents.

Le remède est simple..... Appliquez sur la pustule charbonneuse une feuille fraîche de noyer. J'ai essayé ce moyen sur une jeune malade de neuf ans, nommée Henriette Lassale, présentant une pustule charbonneuse sur le côté gauche du cou; elle avait la grandeur approximative d'une pièce de cinq francs, toute gangrenée, entourée d'un cercle rouge livide et couvert de petites vésicules pleines de sérosités ou eau roussâtre.

La région offrait du danger à des manœuvres chirurgicales, et le mal me paraissait profond. Je pris alors le parti qui m'avait été conseillé *comme infaillible*, d'appliquer une feuille fraîche de noyer.

L'application fut faite à neuf heures du matin : le soir, à sept heures, du pus de bonne nature sortait des vésicules, et la partie noire gangrénée du centre tendait à se détacher pour tomber le lendemain au matin, où tout avait disparu. Il ne restait qu'une plaie qui se cicatrisa petit à petit, dont on pouvait voir la marque indélébile.

Le conseil d'user de la feuille de noyer contre le charbon me fut donné par un respectable confrère des Pyrénées-Orientales, à qui une longue expérience avait acquis la certitude de son infaillibilité. Je dirai, du reste, qu'une communication et une discussion à l'Académie de médecine n'avaient jeté aucune lumière sur la question ; mais, comme je ne suis pas de l'Académie, *et pour cause*, fort du proverbe : « Expérience passe science, » j'ai cru qu'il était de mon devoir de signaler au public un remède qui m'a paru, une seule fois, il est vrai, aussi efficace que simple. »

NOUVEAUX IMPOTS

Quoique nous ayons fait connaître isolément les nouveau impôts, nous croyons utile de reproduire le tableau suivant. Nous engageons nos lecteurs à le conserver, il pourra leur être fort utile dans la pratique journalière :

Alcool — Le droit de consommation, qui était de 90 fr. l'hectolitre d'alcool pur, est porté à 150 fr., décimes compris.

Allumettes. — Chaque boîte ou paquet d'allumettes en bois, de 50 allumettes et au-dessous, acquittera un centime 1/2 à la régie, et chaque boîte ou paquet d'allumettes en cire, 5 centimes. Pour constater la perception, la régie entourera les boîtes ou paquets d'une vignette revêtue de son timbre.

Assurances. — Le droit sur les assurances maritimes est de 50 centimes par 100 fr. du montant des primes. Le droit sur les assurances contre l'incendie est de 8 fr. pour 100 fr. du montant des primes ou cotisations annuelles.

Ce sont les compagnies qui perçoivent la taxe pour le compte du Trésor.

Baux et locations verbales. — A partir du 1er octobre les locations verbales devront être déclarées et les baux devront être soumis à la formalité de l'enregistrement, *par les locataires.* Le droit est de 20 centimes par 100 fr. du montant de la location. Les locataires qui payent moins de 300 fr. par an ne sont pas obligés de faire eux-mêmes la déclaration de leurs locations verbales. Ce soin incombe alors au bailleur. Mais le bailleur a recours contre le locataire pour le paiement de la taxe, sauf quand les locations sont inférieures à 100 fr. par an, et d'une durée de moins de trois ans. Dans ce cas le preneur n'a rien à payer.

Un délai de trois mois, à partir de la promulgation de la loi (26 août) est accordé pour faire enregistrer sans amende, les anciens baux qui n'ont pas été soumis à la formalité.

Bières. — Le droit à la fabrication de la bière forte, est augmenté de moitié en sus et porté à 3 fr. 60 c. l'hectolitre. Le droit sur la petite bière est doublé.

Billards. — Les billards publics et privés sont soumis à une taxe annuelle de 60 fr. à Paris, de 30, 15 ou 6 fr. dans les autres localités suivant leur importance.

Café. — Le droit perçu à la douane est augmenté de moitié en sus ; il est porté de 100 fr. à 150 fr. les 100 k. C'est une augmentation de 50 centimes par kilog. de café.

Cartes à jouer. — Chaque jeu de carte supportera au profit de l'Etat, un droit de 50 centimes en principal, soit 60 centimes avec les décimes. C'est à peu près le double de l'ancien droit.

Cercles. — Les abonnés aux cercles de société paieront au Trésor un impôt égal au cinquième de leur cotisation annuelle.

Chevaux et Voitures. — L'impôt établi en 1862 est remis en vigueur. C'est une taxe qui varie, suivant l'importance des localités, de 60 à 10 fr. pour les voitures à quatre roues, de 40 à 5 fr. pour celles à deux roues, et de 25 à 5 fr. par cheval.

Chemins de fer et Voitures publiques. — Le prix des places des voyageurs en chemins de fer et voitures publiques est augmenté de 10 0/0 au profit de l'Etat ; de même pour le transport des marchandises à grande vitesse.

Les places coûtant moins de 50 centimes sont exemptées de ce nouvel impôt, qui, par conséquent, n'atteindra pas le prix des places d'omnibus et des voyages de banlieue.

Chicorée. — La chicorée moulue importée est soumise à la douane à un droit de 55 centimes par kilogramme ; la racine de chicorée préparée dans les fabriques paiera 30 centimes par kilogr.

Circulaires, Prospectus, Imprimés, etc. — 2 centimes par exemplaire de 5 grammes, au lieu de 1 centime.

Dissimulation dans le prix de vente des immeubles. — Une amende égale au quart de la somme dissimulée et édictée contre le vendeur et l'acquéreur solidairement. La régie peut prouver la dissimulation devant les tribunaux par la preuve testimoniale et tous les autres moyens de droit commun.

Un délai de trois mois est accordé pour réparer les omissions de déclarations et les estimations insuffisantes dans les actes déjà enregistrés, avec paiement du droit simple.

Echantillons, papiers de commerce ou d'affaires, etc. — Le tarif est de 30 c. par 50 grammes.

Effets de commerce. — Le droit de timbre proportionnel est doublé. Sur un effet de 100 fr., par exemple, on devra appliquer non plus comme autrefois un timbre de 5 centimes, mais un timbre de 10 centimes. Sur un effet de 1,000 fr., un timbre de 1 fr. au lieu de 50 c.

Enregistrement. — Les droits d'enregistrement, qui, depuis 1861, ne payaient plus qu'un décime 1 2, sont soumis uniformément au double décime, de sorte qu'aujourd'hui tous les droits d'enregistrement supportent le double décime.

Etrangers. — Toutes les valeurs étrangères dépendant de la succession d'un étranger domicilié en France paieront le droit de succession.

Huile de pétrole et de Schiste. — L'huile de pétrole, à l'état brut, paiera à la douane 20 centimes par kil. et 32 cent. épurée.

L'huile de schiste fabriquée en France acquittera un droit de 5 c. par kilogramme à l'état brut, et de 8 centimes épurée.

Lettres. — Les lettres simples doivent être affranchies moyennant 25 centimes lorsqu'elles sont adressées au-delà de la circonscription postale du même bureau, et moyennant 15 centimes dans l'intérieur de la circonscription postale.

Les lettres chargées coûtent 50 centimes en sus du port simple.

Licences. — Les licences des débitants, marchands de vins en gros, brasseurs, distillateurs, etc., sont doublées.

Ouvertures de crédit. — Le droit de 10 0/0 n'était exigé que lors de la réalisation du crédit. Maintenant on devra payer 50 centimes par 100 fr. dès l'enregistrement de l'ouverture du crédit et 50 autres centimes quand le crédit sera réalisé.

Papiers de toutes sortes. — Les papiers à écrire, à dessiner, à imprimer, à cigarettes, d'emballage, etc., suivant leur qualité et leur finesse, sont assujettis à une taxe évaluée à 10 0/0 environ de leur valeur en fabrique. Le papier ordinaire à écrire est taxé à 10 fr. les 100 kil. Le droit se perçoit dans les fabriques de papier.

Permis de chasse. — Le droit au profit du Trésor est rehaussé de 15 fr., ce qui porte le prix total d'un permis à 40 fr.

Poudres de Chasse. — Les prix actuels sont doublés.

Quittances, Reçus, Chèques. — A partir du 1er décembre, un timbre de 10 centimes devra être apposé sur les factures, mémoires et autres pièces contenant un acquit. L'administration fera vendre des timbres mobiles et indiquera leur mode d'emploi.

Une amende de 50 fr. est appliquée, en cas de contravention. Le timbre de 10 centimes est à la charge du débiteur. Néanmoins, le créancier, en cas de fraude est tenu personnellement aussi du paiement des amendes, frais et des droits.

Récépissés de chemins de fer, quittances de comptables, etc. — Droit de timbre porté de 20 à 25 cent.

Sucres. — Les droits perçus à la douane et dans les fabriques sont augmentés de 50 0/0. C'est 12 à 13 cent. en plus par kilogr. de sucre.

Les sucres extraits par des procédés industriels perfectionnés de mélasses considérées autrefois comme épuisées, seront imposés à l'avenir.

Tabacs. — La régie continuera à vendre, au prix actuel, le tabac ordinaire, mais elle fabriquera du tabac d'une qualité plus fine, qui coûtera 1 fr. 20 l'hectogramme.

Le prix du tabac de cantine dans les zones frontières est modifié et fixé à 2 fr. 50, 4 fr, et 6 fr.

Thé, Cacaos, Chocolats, Poivre, Piment, Girofles, Muscade, Vanille. — Le droit de douane est porté au double.

Timbre. — Le papier timbré est augmenté de 2 décimes, c'est-à-dire de 20 0/0. Ainsi une feuille simple (dite demi-feuille) coûtera dorénavant 60 cent. au lieu de 50 c.

Valeurs déclarées. — Les valeurs déclarées paieront 20 cent. par 100 fr. déclarés au lieu de 10 cent. comme autrefois.

Valeurs étrangères. — Toutes les valeurs étrangères, sans distinction, seront dorénavant soumises aux droits de succession et de mutation entre vifs.

Valeurs mobilières. — A dater du 15 octobre, les droits de transmission des titres négociés sont élevés de 20 cent. à 50 cent. pour les titres nominatifs, et de 12 à 15 cent. pour la taxe annuelle des titres au porteur.

Vins et Cidres. — Le droit de circulation est double : ainsi la 1re classe est taxée à 1 fr. 20 au lieu de 60 cent. l'hectolitre ; la seconde au lieu de 80 cent. 1 fr. 60 l'hectolitre, etc.

LOI SUR LA CHASSE.

Le *Sport* donne, sur les droits respectifs des chasseurs et des propriétaires, des avis utiles pour éviter des conflits judiciaires, toujours nuisibles aux uns et aux autres.

Nous les résumons brièvement :

1° Le droit de chasse n'appartient qu'au propriétaire sur son terrain. Le fermier lui-même n'a pas ce droit, s'il ne lui est reconnu dans le bail ;

2° Le permis de chasse ne donne au porteur le droit de chasser que sur ses propriétés ou sur celles qu'il a louées. Le propriétaire a le droit de poursuivre tout chasseur trouvé en chasse sur ses terres, même sans l'avoir averti d'avance de cette prohibition. Le propriétaire a aussi seul le droit sur le gibier trouvé sur son terrain.

La cour de Dijon a décidé que le chasseur, qui a lancé une pièce de gibier sur sa propriété, n'a pas le droit de la poursuivre sur un terrain dont la chasse ne lui appartient pas, et le propriétaire de ce terrain peut alors la tuer et se l'approprier.

Un chasseur n'a pas même le droit de se poster à la lisière d'un bois ou d'une propriété qui ne lui appartient pas, pour tuer, à sa sortie, un animal lancé par ses chiens sur sa propriété ; la Cour d'Orléans a jugé que c'était là concourir au fait de chasse exercé par les chiens.

En effet, pour qu'il n'y ait pas de délit de chasse, dans ce cas, il faut que les chasseurs soient complétement abandonnés à eux-mêmes. Il y aurait également délit, si les chiens étaient en défaut, et que le maître ou son piqueur fussent entrés sur le terrain d'autrui, pour les aider à retrouver la piste du gibier.

Un arrêt de la Cour suprême du 26 juillet 1860 a confirmé sur ce dernier point plusieurs décisions identiques rendues par les Cours d'Orléans et de Rouen.

Un arrêt de cassation décide que le gibier appartient à celui qui l'a tué ou blessé mortellement, tant qu'il ne le perd pas de vue, encore qu'il aille mourir sur le champ d'autrui. Cependant, le chasseur n'a droit sur le gibier blessé par lui, qu'autant que cette blessure est légère et n'empêche pas le gibier de gagner une propriété sur laquelle le tireur n'a pas permission de chasse.

Si le gibier est tué par un autre tireur, le premier n'y peut prétendre.

Un animal mortellement blessé par un chasseur qui le poursuit avec la certitude de l'atteindre, doit être considéré comme à lui, et un autre tireur ne peut, en l'achevant, s'en emparer.

Le gibier doit être réputé en la possession du chasseur lorsque ses chiens l'ont forcé et sont sur le point de l'atteindre sans qu'il puisse leur échapper.

La note suivante, qui ressemble beaucoup à une communication officielle, est publiée par certains journaux.

« *Le Tabac.* — Le vrai motif de la pénurie des tabacs est dans le changement des tarifs ni pour le prix de la fourniture et pour sa manipulation.

« Cette industrie se transforme. On laisse écouler l'ancien stock, afin que la marchandise nouvelle puisse être uniformément vendue en même temps dans toute la France. Il est probable que les cigares de cinq centimes ne varieront ni de prix, ni de dimension, ni de qualité. Les cigares de dix centimes, sans varier de prix ni de qualité seront plus courts et plus ramassés.

« La qualité du cigare de quinze centimes sera améliorée. Ses proportions ne seront pas changées. Le millarès, le londrès, subiront une surtaxe de cinq centimes. Le tabac à priser, à mâcher, le tabac dit de cantine, les cigarettes et le tabac étranger seraient soumis à un remaniement de tarifs. On continuera à vendre de très-bons cigares depuis vingt centimes jusqu'à un franc par lots de six réunis en paquets. Mais les prix seront changés. Les renseignements sur ce sujet sont encore incomplets, peut-être parce qu'on n'est encore qu'à la période des essais, et que tous n'auraient pas réussi. Les Allemands, qui fument généralement chez eux des cigares invraisemblables, sont très-partisans de nos produits. »

—

On lit dans le *Constitutionnel* :

« Depuis quatorze ans ma femme était atteinte au sein d'une énorme tumeur cancéreuse ulcérée. L'opération était impossible ; c'est dans ces tristes conditions que je consultai le docteur Cabaret (89, rue du Cherche-Midi, Paris). Trois mois suffirent à ce spécialiste pour guérir sans opération cette terrible maladie.

« Pendant notre séjour dans la maison du docteur Cabaret, nous avons été témoins de plusieurs guérisons remarquables.

« Puisse cet hommage rendu à la vérité donner espoir encore à bien des malades.

« DELAMARRE,

« Propriétaire à Auffay (Seine-Inférieure.) »

—

La *Revue politique et littéraire* a publié, dans un dernier numéro, la liste des manuscrits de la préfecture de police sauvés de l'incendie :

1° Le registre contenant les écrous des personnes incarcérées : *a.* A la Conciergerie, de 1500 à 1794 ; — au Châtelet, de 1651 à 1792 ; — *b.* Aux prisons Saint-Martin, de 1649 à 1791 ; — Saint-Eloy, de 1663 à 1742 ; — de la Tournelle, de 1667 à 1715 ; — de la Tour-Saint-Bernard, de 1716 à 1792 ; — de Bicêtre, de 1780 à 1796 ; — de la Force, de 1790 à 1800 ; — de Port Libre (Port-Royal), pendant les ans II et III de la République ; — de Saint-Lazare, pendant l'an II de la République ; — de l'Egalité (collége du Plessis), de l'an II à l'an IV de la République ; — de Sainte-Pélagie, de 1793 à l'an VII ; — de l'Abbaye, de 1793 à l'an II ; — du Luxembourg, de 1793 à l'an II ; — des Carmes, de 1793 à l'an II ; — de la maison de santé de la Folie-Regnault, pendant l'an II ; — de la maison de santé Belhomme ; — de la maison du Temple, de l'an IV à 1808 ; — de Vincennes, de 1808 à 1814.

2° Les registres contenant les interrogatoires des individus arrêtés pour émigration et opposition à la Révolution de 1793 à l'an II.

3° Les registres contenant diverses enquêtes de police, de 1790 à l'an II.

4° Les registres d'écrou des prisonniers arrêtés par ordre du roi de 1728 à 1772 (prisons de province).

5° Les registres des procès-verbaux criminels, de 1723 à 1789.

6° La liste des individus emprisonnés par ordre du roi dans le ressort de Paris.

7° La liste des individus emprisonnés par ordre du roi dans les provinces.

8° Les arrêts des conseils provinciaux.

9° Les arrêts et décisions du parlement de Paris, de 1767 à 1791.

10° Un recueil manuscrit de lois et de règlements de police connu sous le nom de *Recueil Lamoignon*, 1182 à 1762.

11° Les registres des bannières et des couleurs du Châtelet.

12° Les lois, règlements, édits de saint Louis à Henri II inclusivement.

13° Des notes sur les prisonniers de la Bastille, de 1661 à 1756.

14° Toutes les lettres de cachet, de 1721 à 1789.

15° Les procès-verbaux et les nominations officielles de tous les employés de police de 1790 à 1814.

16° Les jugements, ordres d'arrestation, de transfert, de libération, de 1789 à l'an V.

17° Des notes par Topinot Lebrun sur les individus cités devant le tribunal révolutionnaire.

18° Des papiers relatifs aux funérailles et à l'inhumation des princes.

19° Tous les papiers concernant l'affaire de la machine infernale de la rue Saint-Nicaise.

20° Des documents relatifs à Georges Cadoudal, au général Mallet, à Fauché, à Borel et Perlet, à Lavalette, aux fédérés de Paris, à Maubreuil, aux vingt-deux patriotes, à Cerrachi, aux ex-conventionnels, à la conspiration de 1820, à Louvel, à Mathurin Bruno, etc.

—

Par suite du paiement de l'indemnité de guerre, les quantités de numéraire en circulation ont diminué dans des proportions notables. L'or surtout, qui commençait à reparaître, est devenu très-rare. Ce fait s'explique naturellement, lorsqu'on saura qu'au dernier versement complémentaire du troisième demi milliard, il n'a pas été livré à la Prusse moins de 98 millions en pièces françaises de 20 fr.

Le ministre des finances a aussitôt donné l'ordre à la Monnaie de Paris de réparer cette brèche et la fabrication des pièces de 20 francs est en pleine activité.

D'après les instructions reçues, on en frappera en moyenne 25,000 par jour, représentant une valeur de 500,000 francs.

Les *coins* servant à cette fabrication sont les coins Duprez qui datent de 1848.

Les nouvelles pièces porteront sur l'une des faces la tête de la République, et sur le revers un génie tenant entre les mains les tables de la loi.

Voilà pour les pièces d'or.

D'un autre côté, l'hôtel des Monnaies de Bordeaux, dont les ateliers sont prêts à fonctionner, commencera très-prochainement la fabrication de la monnaie divisionnaire de bronze et d'argent.

Son nouveau directeur, M. Delbecque, ancien directeur à Strasbourg, est actuellement à Paris pour prendre les instructions du ministère des finances.

En résumé, et quand même la Prusse mettrait à exécution le projet qu'on lui prête de refondre une partie de l'or et de l'argent que nous lui avons donnés en paiement de la contribution de guerre, la France, grâce à la nouvelle impulsion qui va être imprimée à la fabrication monétaire, est assurée à l'avance de ne pas manquer de numéraire. Toutes les précautions sont prises pour écarter une crise de cette nature.

—

M. de Lamothe vient de faire paraître chez Blériot, quai des Augustins 55, une carte qui se vend 1 fr. 50, et qui mérite de fixer l'attention publique tant par les renseignements précieux qu'elle donne que par sa belle exécution. C'est le tableau de tous nos départements avec la date de la réunion de leur territoire à la France et l'indication du gouvernement sous lequel s'est faite cette réunion.

Dans ces agrandissements successifs, la part de la vieille royauté marquée par la fleur de lis est immense ; celle de la République se borne à la moitié d'un département ; Napoléon III n'ajoute à l'Empire que Nice et la Savoie si douloureusement compensés par la perte de l'Alsace et de la Lorraine ; et l'aigle du grand Napoléon, qui a acheté ses éclatantes victoires par tant de sang répandu, ne figure même pas sur cette carte, pas plus que le coq de Louis-Philippe. Car, malgré ses éphémères conquêtes, Napoléon Ier a laissé la France plus petite qu'il ne l'avait reçue

Cette manière d'appliquer la géographie à l'histoire fait saisir d'un coup d'œil ce qu'il faudrait aller chercher à grand peine dans de gros ouvrages, et elle apprend en un moment à des générations, qui l'ignorent ou qui l'oublient, à qui elles doivent l'unité et la grandeur de leur pays.

En résumé, il ressort de cette carte que la France a reçu :

85 départements et demi, plus l'Algérie, des Bourbons ;

La moitié d'un département de la première république ;

3 départements de Napoléon III ;

D'autre part, du fait de Napoléon III, puis de la république, la France a perdu 3 départements et demi, les plus riches de son territoire.

—

L'*Avenir libéral* assure qu'il a été donné ordre aux entrepreneurs de travaux de l'Etat d'avoir à faire respecter sur les chantiers le repos du dimanche, conformément à l'article des règlements. Cette mesure est une satisfaction trop légitime donnée à la morale publique, pour que nous ne l'approuvions pas hautement.

—

On affirme que dans l'impossibilité où se trouve le ministère de la guerre de dresser régulièrement tous les actes mortuaires des militaires qui ont péri durant la guerre de 1870-71, on va en être réduit à provoquer des déclarations d'absence, qui seraient malheureusement en très-grand nombre.

Ce moyen est le seul que la loi indique pour remédier au trouble profond jeté dans les situations de tant de familles par la perte, au fond trop certaine, mais légalement impossible à constater, de ceux de leurs membres qui sont tombés sur les champs de bataille que nous avons été forcés d'abandonner.

—

On s'est occupé, dans les prisons de Versailles, de classer les prisonniers étrangers par catégorie de nationalité, pour les faire passer devant le conseil de guerre.

Voici les chiffres officiels des prisonniers de chaque pays :

Italie, 151 ; Suisse, 27 ; Russie, 73 ; Allemagne, 42 ; Pologne, 229 ; Angleterre, 7; Espagne, 11 ; Portugal, 3, et Suède, 1.

Presque tous ces individus sont très-gravement compromis, ceux sur qui ne pesaient pas de charges graves ayant été mis en liberté.

—

Mgr de Gand, après l'évêque de Liége, vient de publier un mandement contre l'*Internationale*.

Le vénérable prélat résume l'origine de cette société délétère, signale ses tendances et définit son but dans ce peu de mots : « Pas de religion ; pas d'hérédité ni de propriété ; pas de famille ; pas de nation. » La lettre pastorale se termine par une exhortation touchante adressée aux maîtres et aux ouvriers, afin qu'ils remplissent ponctuellement les uns envers les autres tous leurs devoirs.

—

La préfecture de police a fait publier l'avis suivant, que nous nous empressons de reproduire :

« Les fabricants d'articles de papeterie et librairie, les relieurs, etc., etc., font souvent usage de la couleur verte à l'arséniate de cuivre ou autres matières tolérées pour colorer les tranches de registres, livres de commerce et autres objets de même nature.

« L'arséniate de cuivre, fixé avec une colle quelconque, se détache facilement par le frottement des doigts, se répand dans l'air, et lorsque les registres sont feuilletés vivement, il pénètre dans les organes respiratoires, tandis qu'une autre partie de cette substance qui a adhéré aux doigts s'introduit également quand on les porte à la bouche.

« Le vert arsénical étant un poison très-énergique, l'administration croit devoir prévenir les intéressés, fabricants ou commerçants des dangers que présente, au point de vue de la santé publique, le contact des articles ainsi colorés, et elle leur rappelle en même temps que des réparations civiles et correctionnelles pourraient leur incomber en cas d'accidents plus ou moins sérieux causés par l'emploi des objets préparés ou vendus par eux. »

La catastrophe de Vincennes.

Vendredi, 14 juillet, à une heure vingt minutes précises, une formidable explosion jetait dans le plus grand émoi la population parisienne.

Au même instant d'immenses nuages, les flancs rougis par les flammes, s'élevaient dans les airs, et, comme s'il se fût agi d'un tremblement de terre, jusqu'au couvent Picpus, les carreaux des vitres tombèrent en éclats, et les meubles tressaillirent en s'entrechoquant avec fracas.

Dix minutes plus tard, plusieurs cavaliers se dirigeaient à bride abattue vers le ministre de la guerre. Ils étaient porteurs de dépêches de M. Alexandre Quihon, maire de Saint-Mandé, annonçant au général de Ladmirault qu'une terrible explosion venait d'avoir lieu dans les dépôts du polygone de Vincennes, à l'école de pyrotechnie.

M. le gouverneur de Paris monta aussitôt à cheval, et, en compagnie de deux aides de camp, il se dirigea vers le lieu du sinistre.

M. le docteur Izard, chirurgien en chef de l'ex-43e bataillon de la garde nationale, s'était déjà rendu au Polygone avec la plus grande partie des gardes de ce même bataillon, de M. Mathieu, commandant, de M. le vicomte de Laroche-Borchard, et, de concert, ils organisèrent les premiers secours.

Bientôt on vit accourir les pompiers des Lilas, de Saint-Mandé, de Vincennes, de Neuilly-sur-Marne, de Romainville, de la Villette, ces derniers conduits par le brave lieutenant Cotteret, le même qui, lors de l'assassinat des pompiers, le

14 août dernier, arrêta de sa main le misérable assassin Eudes.

Un brave citoyen dont nous sommes heureux de citer le nom, M. Junieux, architecte, prit le premier la lance d'une pompe et la dirigea sur les paquets de cartouches qui sautaient l'un après l'autre.

Déjà, deux dépôts avaient sauté quand, soudain, des cris désespérés partirent du troisième dépôt d'où une fumée épaisse et noire s'échappait.

N'écoutant que leur courage, les deux frères Hugon, de Saint-Mandé, après s'être embrassés, se précipitèrent dans ce troisième dépôt, et, bonheur inespéré! ils retirèrent d'une mort certaine, épouvantable, deux malheureux ouvriers, le mari et la femme.

Cependant des explosions partielles se faisant entendre à des distances très-rapprochées, plusieurs Prussiens s'avancèrent pour en savoir les causes.

Un officier supérieur prussien, se disant médecin-major, s'approcha de la foule, et, apercevant M. Vanet, lieutenant au 37e de ligne, en permission de quelques jours, à Vincennes, lui offrit ses services, mais dans un langage d'une telle hauteur, que la population indignée, voulut lui faire un mauvais parti. — Cet officier était suivi par cinq ou six autres soldats qui, voyant les mauvaises dispositions de la foule, crurent à propos de dégaîner. M. Vanet fit signe aux soldats du 82e de ligne qu'il commandait pour cette circonstance.

Les soldats français désarmèrent les prussiens et les conduisirent, sous bonne escorte, au fort de Vincennes.

Le commandant prussien du fort de Nogent, qui du haut d'une tour, avait suivi cette petite scène, fit arborer le drapeau parlementaire, et se présenta en personne à M. Vanet.

— Vous avez eu tort de ne pas faire fusiller cet officier prussien, lui dit-il, veuillez me le faire rendre, en même temps que son escorte; je les punirai tous, car ils l'ont bien mérité!

M. Vanet alla raconter le fait à M. le colonel Turnier, commandant du fort de Vincennes, et à M. le capitaine Watremetz, officier de place, qui, avant de remettre les soldats ennemis aux autorités allemandes, voulurent en référer au général Saget, qui se trouvait sur les lieux du désastre.

Le général accorda l'autorisation demandée, et, sous une très-forte escorte, les Prussiens furent reconduits dans leurs lignes.

Pendant que cet épisode accessoire se passait à Vincennes, une foule toujours croissante, composée en grande partie de femmes, se dirigeait, malgré les défenses formelles d'une brigade de sergents de ville du 11e arrondissement, vers le polygone de Vincennes.

S'apercevant des dangers terribles que courait cette foule imprudente, le général de Ladmirault donna ordre formel au colonel du génie Morel, de faire évacuer la place du Bel-Air, la chaussée de l'Etang, les rues de Fontenay, Mongenot, Poirier, ainsi que l'avenue de la Tourelle, et de refouler les curieux jusqu'à l'avenue de Vincennes — Cet ordre s'exécuta avec une lenteur telle, malgré les soldats de piquet, qu'un dépôt de bombes, venant à éclater, des projectiles atteignirent au pied gauche un artilleur, qui fut transporté rue de Fontenay, n° 63, et tuèrent roide un malheureux jeune homme, à peine âgé de vingt-cinq ans, resté inconnu. Il était dépourvu de papiers et porteur d'une somme de quinze centimes seulement. — Son cadavre fut transporté à l'amphithéâtre de l'hôpital militaire par les soins d'un officier, témoin de l'accident.

Cependant les explosions se succédaient sans interruption, tantôt formidables — c'étaient des gargousses — tantôt ordinaires et rappelant le crépitement lointain de la fusillade — c'étaient des cartouches.

Comme le génie craignait beaucoup, et non sans fondement, que le feu n'atteignît aussi la poudrière cartoucherie, située juste en face du fort de Vincennes, le colonel Morel appela à lui tous les pompiers qui se trouvaient à sa portée, et leur donna l'ordre d'arroser, de noyer cette cartoucherie.

Tout danger imminent ayant été écarté, on s'occupait de retirer de dessous les décombres les malheureux qui pouvaient s'y trouver ensevelis.

Sous la direction de M. Millault, adjudant d'administration de 1re classe, et M. Orsini, adjudant de 2e classe, les soldats-infirmiers de l'hôpital militaire de Vincennes se dirigèrent sur le lieu du sinistre.

Aussitôt arrivés, Lemaire, sergent major, et Lagache, caporal-infirmier-major, descendirent, avec leurs hommes, dans les dépôts

Tout d'abord, ils retirèrent un cadavre absolument carbonisé, mais dont on parvint cependant à retrouver le numéro matricule 4711. Comme ce corps a été découvert dans le premier dépôt où a eu lieu l'explosion, on a tout lieu de croire que c'est le soldat porteur de ce numéro matricule, qui, ayant laissé tomber un obus à percuteur, a occasionné par sa maladresse l'effroyable désastre que nous racontons.

Dans le dépôt nº 2, on retrouva un tronc sur lequel on lut le chiffre 5846, — encore un numéro matricule dont, au ministère de la guerre, on connaîtra dès demain le porteur.

En continuant les recherches aux alentours et dans les dépôts, on découvrit les victimes dont les noms suivent et qui, par les soins de l'administration, furent transportées à l'hospice militaire :

Jules Lucas, sous-chef artificier, 11e batterie, 10e régiment d'artillerie, blessure grave à la tête.

Auguste Barbier, deuxième servant, 11e batterie, 10e régiment d'artillerie, mort et carbonisé.

Pierre Passeron, premier servant, 1re batterie. 12e régiment d'artillerie, blessure grave au pied.

Paul Bacqunois, infirmier, blessure à la main.

Henri Goudard, garde principal du bois de Vincennes, les deux jambes enlevées par un obus.

Etienne Ruel, pompier de Romainville, blessure grave au pied.

Pierre Boniface, sous-chef artificier, en subsistance au régiment d'artillerie, mort et carbonisé.

La nuit a empêché la continuation des recherches, qui recommenceront, dès demain, à la première heure du jour.

Parmi les personnes qui ont bravement fait leur devoir, il faut citer M. Josse, interné à l'hôpital militaire, et le cocher des petites voitures, nº 3159. — Avec un dévouement sans bornes, cet homme, dont nous regrettons de ne pas connaître le nom, conduisait son cheval jusque devant les dépôts de poudre et cartouches, plaçait les blessés dans sa voiture, les transportait à l'hospice et revenait au danger.

D'après des renseignements auxquels nous avons lieu d'ajouter foi, une trentaine de victimes environ devraient encore se trouver sous les décombres.

Dès cinq heures, M. Dumanchin, commissaire de police, commençait une enquête sur les causes de cette catastrophe.

Comme au plus mauvais jours du siége, une quantité considérable de gamins, sans souci du péril au-devant duquel ils couraient, se précipitaient sur les éclats des bombes, et leur provision faite, ils allaient l'écouler à prix d'argent dans l'intérieur de Paris.

JULES RAMISAY.

P. S. — Nous allions oublier de dire qu'une dizaine d'artilleurs, légèrement blessés lors de la deuxième explosion, ont pu rejoindre leur corps après un premier pansement opéré par les médecins de l'hôpital militaire.

NOUVEAUX DÉTAILS.

On lit dans le *National* :

Nous sommes retourné aujourd'hui sur le théâtre du sinistre.

L'incendie n'est pas encore éteint, malgré, les torrents d'eau que lancent continuellement dix pompes.

Un cordon de troupes empêche d'approcher trop près du foyer. On a de sérieuses craintes, et les officiers d'artillerie auxquels nous nous sommes adressé, nous ont expliqué que les caves de la cartoucherie contiennent 4 ou 5,000 bombes à pétrole ou autres projectiles, et l'on craint que des débris enflammés ne communiquent le feu à ces caves, ce qui provoquerait une explosion formidable et plus terrible que celle qui a eu lieu.

Heureusement que ces caves sont blindées et recouvertes de fortes plaques de fer.

Le général Valentin a passé la nuit à Vincennes.

Les ordres les plus sévères sont donnés pour empêcher que l'on enlève les débris.

Aux portes de Paris, on visite soigneusement les voitures et les piétons, et l'on arrête même les porteurs de ces débris.

Trois enfants ont été relevés affreusement mutilés : deux bambins qui se roulaient sur l'herbe, en compagnie d'un petit chien qui, par un hasard étrange, n'a pas été atteint, et une jeune fille, vêtue de sa robe de communiante, qui cueillait des fleurs sur le glacis des fortifications.

Deux soldats et un caporal du poste, dit des fuséens, seraient également au nombre des victimes.

Non loin de la capsulerie de Saint-Maur se trouvait un dépôt de produits chimiques dans lequel l'explosion n'a produit d'autres dégâts que l'effondrement d'une porte et le bris de quelques glaces et porcelaines

On frémit quand on songe avec quelle effroyable rapidité l'incendie eût pu se déclarer dans ces bâtiments et se communiquer aux habitations assez légèrement construites qui l'avoisinent. Le hasard qui a conjuré ce malheur est d'autant plus grand, qu'à quelques kilomètres de là, dans la rue de la Prévoyance, un obus, en pénétrant dans une maison, a emporté la jambe de son locataire et occasionné un commencement d'incendie.

D'un autre côté, le journal le *Bien public* raconte qu'une foule immense s'est portée pendant toute la journée d'hier à Vincennes et à toutes les issues du bois par où l'on espérait approcher du théâtre de l'événement; les curieux ont été forcés de revenir, comme ils étaient partis, sans *voir* le lieu du sinistre ; des sentinelles posées en cordon à une grande distance ne laissaient passer que les personnes appelées par leur service ou munies de permission de l'autorité militaire.

Le nombre des victimes, ainsi que nous l'avons dit hier, est au-dessous des premières informations ; les artilleurs avaient eu le temps de fuir, et peu d'entre eux ont été blessés; il faut en reporter le mérite à la présence d'esprit des officiers d'artillerie qui étaient présents, et notamment de M. le lieutenant Spilmann, du 12e régiment, qui, jugeant tout de suite de l'importance du danger, cria à ses hommes de se sauver au plus vite.

La capsulerie n'est plus qu'un vaste amas de décombres fumants. Il n'y a plus eu, heureusement, de nouvelles explosions; pendant la journée d'hier, on a noyé les poudrières à l'aide de pompes qui ne cessent de fonctionner. Grâce à ces excellentes mesures, on peut croire qu'actuellement tout danger a disparu.

Contrairement à ce qu'on a dit et écrit sur la catastrophe de Vincennes, le nombre des victimes ne dépasse pas VINGT-HUIT, chiffre officiel. C'est évidemment trop, mais de là aux trois cents victimes dont on parlait, il y a loin, on le voit.

Voici la répartition des malheureuses victimes :

18 artilleurs blessés légèrement.
 2 artilleurs disparus (on les croit morts ou ensevelis sous les décombres).
 4 morts (3 artilleurs et un civil).
 4 artilleurs grièvement blessés.
—
28 victimes.

L'enquête ouverte par M. Dumanchin, commissaire de police, n'a rien découvert de nouveau au sujet de cette horrible catastrophe.

Incendie de Bourges.

L'archevêché de Bourges vient d'être la proie des flammes. voici les premières informations qui nous parviennent sur ce sinistre :

« Bourges, 25 juillet, 8 h. du matin.

« Cette nuit, vers trois heures, le feu s'est déclaré subitement et avec une grande violence dans le palais de l'archevêché. A l'heure où nous écrivons, presque tous les bâtiments sont détruits, il ne reste plus que les gros murs. Le feu continue ses ravages avec activité par un vent des plus vifs. On ignore la cause de l'incendie.

Les secours n'ont pas été aussi prompts qu'il eût été à désirer, les quelques coups de clairon donnés en ville ayant été insuffisants pour prévenir les habitants du sinistre qui venait d'éclater.

A peine quelques cris : *Au feu!* ont-ils été entendus. Mgr La Tour-d'Auvergne avait quitté Bourges hier soir. La bibliothèque de la ville qui occupe une salle du palais a été sauvée, ainsi qu'une partie du mobilier de l'archevêque. Les flammes s'élevaient à une hauteur considérable ; un moment, poussées par le vent, elles ont mis en danger notre belle basilique. Des secours ont été dirigés de ce côté, et on a pu éviter un plus grand malheur. »

« Au moment de mettre sous presse, nous recevons de nouveaux détails qui complètent nos premiers renseignements :

« C'est à trois heures du matin que le feu s'est déclaré dans le bâtiment situé sur le jardin de l'archevêché.

« En moins d'une heure, le côté nord de la cour d'honne et les constructions qui environnent le grand escalier étai e dévorés par les flammes, sans qu'on ait pu savoir d'où était partie la première étincelle.

« Les autorités arrivèrent aussitôt que le concierge les eût prévenues du sinistre.

« Le vent qui soufflait de l'ouest activait l'incendie qui menaçait la cathédrale et la bibliothèque installée au rez-de-chaussée de l'archevêché. Deux pompes manœuvrées sans relâche sont parvenues heureusement à préserver la cathédrale, le pavillon du génie, la caserne d'artillerie, une maison particulière, la manutention et quelques dépendances du pavillon de Philippeaux de la Vrillière.

« Le magnifique palais effondré n'est plus qu'un amas de décombres.

« La plus grande partie de la bibliothèque de la ville a été réduite en cendres.

« On ne peut se faire une idée de l'horreur qu'inspire un pareil spectacle.

« La basilique est encombrée de vêtements, de livres, d'objets d'art, de mobiliers et d'objets de toutes sortes, arrachés au terrible fléau.

« Mgr l'archevêque a perdu, dit-on, des valeurs et des manuscrits auxquels il tenait beaucoup.

« Le préfet était parti la veille pour Paris.

« Une fumée épaisse ne cesse d'envelopper les débris fumants, et les charpentes charbonnent encore au milieu des amoncellements de pierre écroulées.

Incendie du palais des ducs de Lorraine à Nancy.

Une personne qui habite les environs de Nancy, nous apporte les détails suivants sur un sinistre qui a eu lieu dans cette ville dans la nuit de dimanche à lundi : « J'arrivais à peine, nous dit notre correspondant, que je fus épouvanté par la vue d'un immense incendie qui, par le développement des flammes, rappelait et dépassait en étendue l'incendie du ministère des finances. C'était le vieux palais des ducs de Lorraine qui était la proie des flammes. Les progrès ont été si soudains que les gendarmes, dont la caserne est contiguë au musée Lorrain et à la chapelle ronde où sont les tombeaux des ancêtres de l'empereur d'Autriche, ont été brusquement réveillés par l'effondrement des poutres. Ils n'ont pu sauver que les effets qui étaient sous leurs mains.

Ce n'est qu'à deux heures du matin que les secours ont commencé à être organisés. Pour sonner le tocsin, il fallait commencer par obtenir l'autorisation du Prussien. Chose étrange, et qui prête à toute sorte de suppositions, le feu s'est étendu comme une trainée de poudre sur une longueur de plus de deux cents mètres. Quand j'ai quitté Nancy, lundi soir à dix heures, les flammes s'échappaient encore des appartements les plus voisins de l'Eglise, qui heureusement a été préservée. Le vieux palais des ducs de Lorraine était une relique architecturale, que pas un étranger, traversant Nancy pour aller en Allemagne ou en revenir, n'avait négligé de visiter. Les soins intelligents de Charles Cournout, élève de Delacroix, y avaient rassemblé, et mis en valeur avec la même intelligence qui a présidé à l'organisation du musée de Cluny, tout ce qui rappelait l'antique Lotharingie, les souvenirs des Lorrains batailleurs, et le bon roi Stanislas.

Il y avait là des tapisseries superbes, et une remarquable

collection d'armes, bijoux, monnaies, meubles et vêtements anciens.

Peu de choses ont pu être sauvées. On cite cependant la tente de Charles le Téméraire, et quatre tapisseries du quinzième siècle, que M. Maret, architecte de Saint-Epvre, aurait pu ravir aux flammes. On a aussi emporté un certain nombre de tableaux anciens. La population est consternée, car elle avait une affection profonde pour tous ces glorieux souvenirs de l'histoire de la capitale de Lorraine. La foule est toujours immense autour des décombres. Pendant la nuit, des personnes de toutes les conditions sont venues avec empressement s'offrir pour faire la chaine. Les soldats prussiens ont offert leur concours aux pompiers de la ville. Le préfet, comte de Montesquieu, a bravement payé de sa personne. Le dernier souverain qui ait visité le musée lorrain est l'empereur d'Autriche, auquel on avait offert un grand banquet dans la magnifique salle des gardes. Sa Majesté l'Impératrice, les archiducs Charles et Louis-Victor, l'empereur Maximilien, y avaient envoyé des souvenirs.

L'empereur d'Autriche, informé, a déjà télégraphié au maire de Nancy, M. Velche, pour demander les renseignements et témoigner de son chagrin.

LES LIEUX-SAINTS.

L'annonce du départ pour l'Orient d'une escadre française me suggère ces réflexions que je vous communique :

Absorbés par le triste spectacle des calamités de la France, et pleins d'effroi à la pensée de celles qui la menacent encore et qui peut-être dépasseront les premières, si Dieu ne lui vient pas en aide, nous oublions l'Orient d'où la foi cependant nous est venue avec tous les biens qu'elle amène avec elle. C'est de l'ingratitude ; car un enfant quelque malheureux qu'il soit, ne doit point oublier ses pères plus malheureux encore, et s'il ne peut les secourir efficacement, il leur doit du moins l'hommage et le tribut de son affection filiale.

Depuis l'époque de sa fondation jusqu'au dernier siècle, la France a été fidèle à ces pieux sentiments. Depuis le moment où Clovis s'écriait en entendant lire la Passion de Notre-Seigneur : que n'ai-je été là avec mes Francs ! jusqu'au jour où notre vieille monarchie s'écroula dans la sanglante orgie de 93, dont la Commune vient de donner une seconde édition plus riche encore que la première en forfaits, la France a toujours eu l'œil ouvert sur cette contrée qui lui envoya ses premiers missionnaires. Quand elle fut lâchement abandonnée par les Césars de Constantinople qui presque tous n'ont montré de la bravoure que pour le crime et l'infamie ; après qu'Omar eût bâti à Jérusalem la mosquée *la plus sainte* après la Kaaba de la Mecque, la France prit en main les intérêts des Saints-Lieux et ceux des malheureux chrétiens courbés sous le joux du prophète. Elle les défendit glorieusement. Charlemagne qui n'est pas une des minces figures de notre histoire obtint comme propriété les Lieux-Saints de la Palestine, du

Sultan Aroun al Razchid, et celui-ci invitait l'illustre chef des Francs à visiter ses domaines d'Orient afin de se convaincre par ses yeux de la bonne administration et de la fidélité de son allié.

La France avait alors un grand renom et les chrétiens purent jouir d'une tranquillité satisfaisante.

Plus tard lorsque des guerres formidables absorbèrent les forces de la France, les farouches sectateurs du prophète ne sentant plus son bras, firent peser sur les chrétiens le joug le plus odieux qui fut jamais. Alors la France fit retentir ce cri fameux qui révèle sa mission : Dieu le veut ! et donna le signal de cette immense levée de boucliers qui dura des siècles et se nomme les croisades. L'étendard du prophète dut reculer et la puissance musulmane reçut une blessure qui ne se guérit jamais.

Je ne veux point rappeler ce que fit en Orient St-Louis, ce fier chrétien, cet illustre monarque plus grand dans le malheur que dans la prospérité, et aussi puissant presque après sa défaite qu'après sa victoire. Le nom de la France remplit l'Orient tout entier et devint le synonime de tout ce qui est fort, grand, et loyal; catholique et Franc, c'était la même chose. Plus jamais il ne fut oublié, et aujourd'hui encore il est prononcé avec respect, sous la tente de l'arabe du désert, et invoqué comme une protection par les voyageurs malheureux. On ne parle point des autres peuples de l'Occident, on ne connait pas leur nom ; mais des bords de la grande mer à l'Euphrate, le mot *Franki* est connu de l'enfant comme du vieillard, et sert de passeport à travers de sauvages tribus.

Mais hélas, il est douloureux aujourd'hui pour un Français de voir ce que ce nom perd chaque jour de son prestige, et que peut être maintenant on le prononce avec le sourire du mépris. Ceux qui n'ont point vu ces pays, ne sentiront jamais toute l'amertume de ce sentiment. Quelqu'un a dit que pour aimer sa patrie, il faut la quitter ; cette pensée est mal exprimée, on aime naturellement sa p trie, mais on ne se rend pas compte de son patriotisme, parce qu'on n'a pas l'occasion de le manifester ; mais à l'étranger, c'est le sentiment qui domine et que vous trouvez écrit sur toutes les pierres de votre chemin, j'allais dire sur tous les grains de sable du désert que vous traversez, et s'il est doux d'entendre redire avec crainte respectueuse ce nom sacré de patrie, s'il fait palpiter votre cœur et pousser une larme à votre paupière, qu'il est poignant de l'entendre prononcer avec l'éloquent sourire du dédain !

En Orient on admire et on craint tout ce qui est grand et fort, on craignait la France parce que malgré tout, le nom de *Franki* représentait la force et la grandeur. Mais depuis nombre d'années, la malheureuse politique, cause de nos désastres actuels, a produit des fruits en Orient. Dans tous les écrits sérieux, dans tou es les relations des voyageurs, on lit que la France a perdu son influence et son prestige en Orient. C'est profondément vrai. Un autre peuple puissant et fort se présente pour recueillir notre héritage. Nous l'aidons de tout notre pouvoir. Car depuis plus de 40 ans on dirait que nos représentants dans ces contrées n'ont qu'un but, celui de ruiner l'autorité de la France ; et, chose déplorable, c'est qu'ils accomplissent cette triste besogne avec les meilleurs sentiments du monde. Ils n'ont pas conscience du mal qu'ils font, et quand il est fait, ils sont tout étonnés..

Elevés dans le giron de l'Université, par conséquent indifférents pour tout ce qui est religieux quand ils ne sont pas hostiles, rationalistes par principes, protestants parfois, ils ne comprennent pas et ne peuvent comprendre une vérité fondamentale, c'est qu'en Orient il n'est pas de question politique qui ne soit religieuse, et que se mettre en dehors de la question religieuse, c'est faire fausse route ou parler français à qui n'entend que l'Arabe. Qu'on ne l'ignore pas, l'Orient est profondément religieux, et tout ce qui n'est pas religieux, pour lui est secondaire. Avec nos principes et nos idées, avec cette doctrine que toutes les religions sont également bonnes, immense sottise qu'on prêche sur tous les toits, et que d'honnêtes ignorants croient sans examen, comment comprendre que pour un clou planté dans le mur d'une église, pour un mauvais tableau suspendu dans une chapelle, pour une messe dite sur un certain autel, pour un inconnu, des chrétiens en viennent aux mains et que le sang soit répandu à profusion? Question de clou rouillé disait un ambassadeur : cela n'importe en rien; et le politique souriait dédaigneusement, ne voulant pas s'abaisser jusqu'à s'occuper de pareilles vétilles. Question de clou, c'est vrai, mais ils ne voient pas qu'à ce clou sont suspendus les droits de la France, son honneur et sa puissance. Questions de chiffons si vous voulez, mais ce chiffon recouvre le drapeau de la France, et puisque le sang coule, c'est que la question est grave et mériterait d'être étudiée sérieusement. C'est un moine qui la soulève? Oui, mais ce moine, ce franciscain, ce capucin, ce dominicain, c'est la France; et ne pas le soutenir, ne pas maintenir son droit, c'est livrer la France à l'ennemi, c'est déchirer son drapeau et en jeter dans la rue les morceaux déshonorés.

Voilà pour tout catholique, pour tout homme sensé qui veut se donner la peine d'ouvrir les yeux et d'étudier, sans préjugé, une vérité banale à force d'être redite par toutes les voix et sur tous les tons; mais ceux qui la répètent n'ont pas le pouvoir en main; comme le prophète, ils crient dans le désert; seulement ils remplissent un devoir de conscience, dans l'amertume et la douleur du cœur, espérant que Dieu leur tiendra compte de n'avoir pas retenu la vérité captive.

Le peuple qui s'avance pour recueillir notre héritage comprend mieux la question, et ici encore se vérifie la parole de l'Evangile, que les enfants de ténèbres sont plus adroits que les enfants de lumière. La Russie qui effraie nos diplomates en suspendant sur leur tête la question d'Orient, comme l'épée de Damoclès, la Russie qui fait avancer ses armées contre l'Inde et la Chine, n'agit point ainsi pour la Syrie et l'empire turc de Constantinople. Là elle n'envoie point d'armée, mais beaucoup d'argent, de croix, de mitres, de crosses et d'ornements épiscopaux; les Lieux-Saints sont inondés de pèlerins qui vont à ses frais prier sur le tombeau de Jésus-Christ, se plonger dans les eaux du Jourdain et pleurer autour de la coupole de Ste-Sophie. Elle bâtit des monastères, des écoles et des fermes modèles. La Russie, en un mot, protège le schisme grec, et un beau jour, l'occasion se présentant, ou si elle tarde trop, se faisant présenter, l'empire turc orthodoxe, sans bruit, sans fracas, de la façon la plus naturelle du monde. Voilà de la politique habile, voilà le rôle de la France volé par la Russie, et c'est en passant par Jérusalem qu'elle va à Constantinople. C'est un singulier chemin, mais c'est le plus court.

Quand l'impératrice Eugénie fit une promenade en Orient et fut fêtée presque comme une divinité, les catholiques de la Syrie se prirent à espérer, et Jérusalem se préparait à une réception splendide. Une visite au saint tombeau est peu de chose, et cependant le czar de toutes les Russies en fut effrayé; la diplomatie s'en mêla, et l'impératrice n'alla point à Jérusalem; le czar seul eut de l'intelligence; car avec Eugénie c'était la France qui se prosternait sur le tombeau de Jésus Christ, c'était sa mission qui se continuait, c'était son influence rétablie en Orient, le schisme muselé et l'islamisme ruiné, c'était le russe arrêté sur les rives du Pont-Euxin. Quelqu'un qui m'écrivait à cette époque, a parfaitement caractérisé l'importance de ce fait par ces mots :

« L'impératrice des Français à Jérusalem est un échec plus grave pour la Russie, que 600,000 hommes sur les rives du Bosphore. »

La Prusse aussi comprend l'importance de la ville sainte et a voulu s'y établir; le prince royal s'est hâté de suivre les traces de l'empereur d'Autriche et a obtenu comme faveur du Sultan les immenses ruines du couvent des chevaliers de St-Jean qu'il aurait été si facile d'obtenir pour la France.

Ainsi le Russe domine à Jérusalem par son vaste couvent qui peut loger des milliers de soldats en guise de moines, et par la co propriété de la coupole du St-Sépulcre; l'Angleterre y a une colonie avec un évêque; la Prusse a des orphelinats d'une façon particulière avec les ruines les plus vastes de la ville sainte, à la porte du St-Sépulcre, où elle fera ce qu'elle voudra ; l'Autriche possède un magnifique hôpital, et la France, sauf la petite église de Ste-Anne, rien ! Son consul général est obligé d'être à loyer chez un turc, et certes, sa demeure est loin d'être digne de la France. A peine conviendrait-elle au représentant de la république de St-Marin.

Aussi le contre-coup de nos désastres s'est fait sentir profondément dans tout l'Orient ; il y a sept ans, un Arabe me disait sur la route de Jéricho : *Français bon, mais pas fort ;* aujourd'hui que doit-il dire ? Si la victoire du mont Thabar avait environné le nom français d'une nouvelle auréole de gloire et immortalisé le grand sultan du feu (Napoléon) dont la valeur et les exploits se racontent encore sous la tente du Bédouin nomade, que pensent ces tribus en apprenant que ces terribles *Franki*, ces rois de la guerre, attaquant un peuple inconnu, n'ont pas remporté une seule victoire, ont vu leurs armées prisonnières, leur capitale assiégée et prise, et leur royaume démembré ! Je n'ose m'arrêter à cette idée, qui me fait frissonner de honte et de douleur. Quiconque a du sang français dans les veines me comprendra.

Aussi les grecs schismatiques, nos mortels ennemis, ont battu des mains en apprenant la nouvelle de nos défaites ; ce sont leurs victoires. Tout de suite ils ont repris, avec une nouvelle violence, contre les droits des latins, c'est-à-dire les droits de la France, cette guerre acharnée qu'ils ont commencée après les croisades, poursuivie depuis, avec une indomptable persévérance, par la force, la ruse, la fourberie, l'argent et le crime, et qu'ils sont sur le point de terminer par une victoire complète, en nous expulsant de tous nos sanctuaires, et en nous jetant à la mer.

Voici ce qu'on m'écrit de Jérusalem le mois dernier : Nous autres aussi nous avons pris part à l'humiliation de la France, notre protectrice. Ici on croit que la France est morte et que par conséquent les Latins sont mortellement malades. Notre mère est morte, les schismatiques nous tiennent pour des orphelins impuissants et se croient victorieux partout. Pourtant, il n'en sera pas ainsi, il viennent de voir que la France n'est pas une chèvre mangée tout à fait par les Prussiens. Nous avons eu la visite de l'*Armorique*, frégate française, ce qui a fait une heureuse impression pour nous. Nous n'avons pu célébrer la fête du second jour de la Pentecôte, dans la chapelle sur l'emplacement de la maison de Caïphe, près du Cénacle. Ils veulent un autel dans la *grotte du lait* à Bethléem; nous allons perdre nos droits sur les ruines de l'église St-Georges à Lydda, et nous ne savons pas comment se passera la fête de St-Jacques, que nous devons célébrer selon nos droits dans l'Eglise St-Jacques appartenant aux Arméniens non-unis.

Le moine belge qui habite depuis quinze ans la ville sainte et trace en passant ces lignes peu artistiques, il est vrai, indique la gravité de la situation; c'est un petit coin soulevé de la redoutable question d'Orient.

Pour la question des Lieux Saints, en particulier, nous avons toujours cédé depuis près d'un siècle, et l'histoire de nos reculades est triste à lire ; il n'y en a plus qu'une à faire et nous voilà dehors. La France est vaincue et le catholicisme cruellement blessé.

Toutes ces choses ne sont pas nouvelles, mais il ne faut pas se lasser de les redire, il faut protester toujours contre cette politique irreligieuse, anti-catholique et anti française par là même, qui depuis un siècle est la grande cause de nos sanglantes humiliations. Soutenir le Pape, à Rome, maintenir nos droits sur le sanctuaires de la Palestine, protéger le catholicisme en Orient comme dans le reste du monde, voilà la mission de la France, quoique fassent et disent les impies et les ignorants; le répéter à fatiguer, selon la parole de St-Paul, à temps et à contre-temps, c'est le devoir de tout catholique, et si du mensonge obstiné il reste toujours quelque chose, de la vérité prêchée à outrance, il restera plus encore, puisqu'elle a pour elle la bénédiction de Dieu.

Je salue de tout cœur et bénis notre pavillon qui va montrer à l'Orient que la France n'est pas morte.

(*Des bords du Jourdain.*)

LES DEUX LARMES DE PAULE

En 1835, il y avait à Montreuil-sur-Mer, dans le Pas-de-Calais, un peintre nommé Constant, dit Raphaël..., non point peintre de paysage ni peintre d'histoire, mais peintre en bâtiments et même un peu vitrier-peintre.

Ou du moins, telle est *la partie* qu'il avait embrassée. Mais, comme il était très-intelligent et un brin ambitieux, il s'éleva bientôt au rang de peintre en décors et de peintre d'enseignes.

Constant n'avait jamais eu d'autre maître que lui-même. Mais, parce qu'il observait beaucoup et que le ciel lui avait donné de rares dispositions pour la peinture, il finit par laisser bien loin derrière lui, les plus habiles de ses confrères. La vogue vint le trouver ; il ne suffisait pas aux commandes, et il dut renoncer tout à fait à la vitrerie.

Il eut le bon esprit cependant de ne pas quitter sa position ni sa profession.

D'autres, jaloux du titre d'artiste, s'en fussent allés à Paris, frayer avec les rapins.

Constant, plus sage, préféra s'en tenir à son métier, dans lequel il excellait, dont il semblait avoir reculé les limites pour aborder presque le pur domaine de l'art.

Elève de Ingres ou de Delaroche, Constant fût sans doute mort de faim à Paris. Le premier peintre-décorateur du département, il avait plus de travaux qu'il n'en pouvait exécuter. Non-seulement sa ville natale, mais Béthune, Saint-Omer, Boulogne même et Arras se le disputaient.

Lui qui avait commencé, le gousset parfaitement vide, il n'avait pas encore atteint la trentaine ; et voici que, sans compter sa renommée sans cesse grandissante, il gagnait assez d'argent pour mettre, chaque année, de côté plusieurs milliers de francs Il avait tiré de la misère son père, sa mère, même une vieille grand'tante et une arrière-petite-cousine ; et, en mai prochain, il devait épouser Euphrasie, la fille d'un grand entrepreneur de serrurerie, Euphrasie, outre une dot rondelette, était riche de beaucoup de qualités, de vertus et de grâces.....

On eût en vain cherché dans tout l'Artois, même en y joignant la Flandre et la Picardie, un homme plus heureux que notre ami Constant, dit Raphaël.

Deux ans ont passé.

Qu'est devenu le bonheur de Constant ?

Constant n'a pas épousé Euphrasie. Celle-ci est morte de chagrin. Les commandes de Constant sont demeurées interrompues. Ses pinceaux dorment oisifs Hélas ! Constant a été subitement frappé d'une paralysie qui lui tient tout le côté droit du corps. Il ne peut ni marcher, ni écrire, ni peindre. A peine peut-il porter quelques aliments à sa bouche Tour à tour pendante ou disloquée, celle-ci ne remplit qu'à moitié son ministère, elle n'émet que des sons à peine articulés.

Comment songer à se marier, en cet état ?

Les économies de Constant ont servi à le placer dans l'hospice de Montreuil, où il reçoit tous les soins que comporte sa triste infirmité.

Les médecins ont déclaré cette infirmité incurable.

Elle ne peut que s'aggraver et finira par une mort prochaine, selon toutes les apparences.

Tel est l'état matériel de Constant.

Si triste, si déplorable qu'il soit, ce n'est rien encore, à côté de son état moral.

Constant est en pleine possession de toutes ses facultés. Il sent parfaitement tout ce qu'il a perdu et de quel comble de bonheur il est tombé dans cet abîme de tous les maux. Constant assiste à son propre dépérissement. Il ne peut voir un pinceau, y songer seulement, sans verser des larmes amères.

Constant a deviné — bien qu'on ait cherché à la lui cacher — la mort d'Euphrasie ; et, quand il y pense, c'est-à-dire presque toujours, il ne peut pas même pleurer, tant sa douleur est profonde et son pauvre cœur brisé et comme broyé.

Puis, la paralysie fait des progrès, et Constant, avec son esprit si lucide et les affreux loisirs que lui fait son inaction forcée, Constant suit ces progrès jour par jour, heure par heure, pour ainsi dire.

Son père et sa mère viennent le voir souvent.

Mais la maladie de leur fils leur a porté un coup terrible.

Le père, dont l'esprit a toujours été faible, est tombé en enfance ; et la mère, qui aime Constant à l'adoration, n'a plus qu'une idée ni qu'un discours : des plaintes, presque des accusations contre la Providence, qui a choisi cette perfection de Constant pour lui infliger une épreuve aussi lourde et aussi peu méritée.

Entendre son père radoter et sa mère passer sans cesse en revue les maux qu'il endure, c'est pour Constant une pauvre consolation. Aussi, quelque bon fils qu'il soit, il redoute, plus qu'il ne les désire, les visites de ses parents.

Si vous avez quelquefois rencontré de pareilles tristesses, cher lecteur, vous devez vous être convaincu qu'il n'y a ici qu'un remède, qu'un adoucissement possible : c'est la résignation ; c'est l'acceptation de ces douleurs que le Ciel nous envoie ; c'est l'art d'en tirer parti, de les tourner en mérite, de *faire de nécessité vertu*. C'est le mot de Job, le patron des affligés : « Le Seigneur me l'avait donné, le Seigneur me l'a ôté, que son saint nom soit béni ! »

Or, la résignation manquait absolument à Constant.

Constant avait, comme un autre, suivi le catéchisme jusqu'à douze ans, et fait, comme un autre, sa première communion. C'était à peu près tout. Ni son père ni sa mère n'étaient de fameux chrétiens. Sans doute, Euphrasie était pieuse, et elle se promettait bien de le convertir lorsqu'elle serait sa femme....

Mais, au moment où nous voici arrivés, Euphrasie était morte, et Constant, devenu le plus malheureux des hommes, ne pensait même plus que Dieu fût là, tout prêt à le consoler.

Je n'ai pas encore dit tout le malheur de Constant.

La paralysie s'était portée sur ses yeux. Sa vue s'était troublée, obscurcie; puis il n'avait plus distingué que des masses confuses, puis seulement la différence de la lumière et des ténèbres. Puis, il n'y eut plus que ténèbres pour lui..... Il était aveugle, et les médecins déclaraient cette cécité incurable.

Constant n'était pas un homme violent.

Il ne se plaignait presque jamais. Jamais surtout il ne se répandait, comme tant d'autres, en blasphêmes et en amères récriminations contre Dieu.

Mais, comme on dit, le diable n'y perdait rien.

Il y avait, au fond de son cœur, un trésor d'indignation et de colère. L'injustice du Ciel, à son égard, lui paraissait flagrante. Comment! tant d'autres prospéraient autour de lui : Charlot, qui n'était qu'un imbécile; Pierre, qui avait passé sa jeunesse à boire et à jouer; Jacques, cet affreux libertin dont on ne comptait plus les victimes; Paulin, qui avait abandonné ses parents: Gaspard, qui battait sa femme..... Et lui, Constant, lui, bon ouvrier, intelligent, laborieux, rangé, lui qui n'avait jamais mis le pied au café, lui si bon fils, lui qui réservait à Euphrasie un cœur vierge, c'était lui que Dieu traitait de la sorte!

Il disait très-rarement ces choses : il les repassait sans cesse dans son esprit. C'était comme l'aliment habituel de sa triste solitude.

Je vous assure que ce pauvre honnête homme était plus difficile à convertir, c'est-à-dire à tourner vers Dieu, que les plus endurcis pécheurs.

Et pourtant, la chose pressait.

Le médecin avait déclaré que la paralysie ne tarderait guère à s'étendre, des yeux au cerveau lui-même. Et alors c'en serait fait de l'intelligence.

« Mais que faire, docteur? lui dit sœur Sainte-Geneviève, supérieure de l'hospice. Est-ce que nous pouvons laisser mourir ainsi ce brave homme ?

— Je lui parlerai, ma mère, » répondit le docteur Durandal.

Il pensait, non sans raison, que Constant écouterait plus volontiers une causerie en redingote qu'une exhortation en soutane.

Je n'essayerai pas de vous redire cette causerie, ce monologue plutôt. Car, à peine Constant l'interrompit-il par quelques interjections, quelques dénégations, le plus souvent quelques hochements de tête.

Il serait difficile d'imaginer des choses meilleures, plus vraies, mieux dites, plus appropriées à l'esprit de Constant, à la triste position dans laquelle il se trouvait. Le docteur était ému ; et, si vous aviez été là, caché derrière un rideau, il vous eût semblé que son émotion devait être communicative. Comment le pauvre ouvrier ferait-il pour résister à ces raisonnements si simples, si lumineux, si concluants, si évidemment inspirés par le plus tendre intérêt?

Hélas! Et pourtant ces raisonnements n'avaient qu'un effet sur l'âme de Constant : de la fermer plus que jamais aux pensées religieuses.

M. Durandal, en dépit de son nom terrible, était le plus doux des hommes ; il ne faisait qu'avec une délicatesse infinie la moindre allusion au triste sort de Constant, et celui-ci n'avait pas l'ombre d'un prétexte de se sentir blessé ; même, au fond de son cœur, il éprouvait assurément un vif sentiment de reconnaissance envers son charitable catéchiste. Tout ce que vous voudrez. Mais Constant voyait bien que le docteur, à l'instigation sans doute de sœur Sainte-Geneviève, venait faire le siége de son âme. Cela l'irritait, l'agaçait ; cela mettait en mouvement toutes les mauvaises hontes, tous les sots amours-propres, toutes ces misères et ces faiblesses du cœur humain qui ne veut pas qu'on lui impose même la vérité, même la consolation.....

« Laissez-moi donc mourir en paix, dit-il, quand le docteur eut fini. Faut-il qu'aux autres épreuves dont votre Dieu m'accable, vous ajoutiez celle de me faire entendre vos sermons? Je suis un honnête homme ; tel j'ai vécu, tel je mourrai. »

Puis il se retourna du côté du mur et ferma les yeux. Durandal vit bien qu'il n'avait qu'à partir.

Il rendit compte de son peu de succès à sœur Sainte-Geneviève.

Sœur Sainte-Geneviève en gémit.

« Décidément avec ce malheureux homme, dit-elle, il ne faut pas parler, il faut agir. »

Et pendant huit jours, elle ne laissa pas échapper une occasion de rendre service à Constant ou de lui faire plaisir.

Elle lui apportait des oranges qu'il aimait beaucoup et qui calmaient un peu sa soif sans cesse renaissante. Elle s'ingéniait pour lui procurer le petit nombre de distractions compatibles avec la discipline de l'hôpital et la triste infirmité de Constant. Même, comme elle avait remarqué qu'il était très friand d'histoires, elle venait, chaque matin, s'asseoir à côté de lui et tantôt lisait, tantôt improvisait des récits, les uns plaisants et les autres touchants, mais dont elle prenait soin d'élaguer tout ce qui eût ressemblé à une préméditation trop directe.

Encore, hélas! Constant était en garde contre cette série de délicates attentions. « Elle a beau faire, se disait-il ; je vois bien où elle veut en venir. C'est la suite des sermons du docteur. Celui-ci, par de bonnes paroles, sœur Sainte-Geneviève par toutes sortes de câlineries, voudrait m'amener..... à me confesser. A d'autres!.... Reconnaître que cet être puissant et barbare qui me tourmente est le *bon* Dieu, lui demander pardon apparemment de tout ce qu'il me fait endurer..... jamais. Ce serait une lâcheté! Madame la supérieure, vous aussi, vous en serez pour vos frais. »

Décidément, cette âme de Constant était de celles qui ne se prennent que par surprise.

Dieu, qui est la bonté même, lui ménagea ce piége nécessaire.

Parmi le petit nombre de visiteurs qui étaient demeurés fidèles au pauvre moribond, nul ne lui était plus cher que la petite Paule.

La petite Paule était la jeune sœur d'Euphrasie

Elle savait combien Euphrasie avait été attachée à Constant, elle voyait celui-ci malheureux. Surtout elle le sentait — ce qui est le plus grand des malheurs — irrité contre Dieu ; et elle avait mis dans sa tête d'arriver à le convertir, à le consoler du moins.

Etait-ce un de ces instincts qui se rencontrent plus souvent que l'on ne pense chez les enfants ? Etait-ce une permission qui avait résolu que, là où le docteur et la mère Sainte-Geneviève avaient échoué, petite Paule réussirait ? Je ne sais. Toujours est-il que Constant la recevait sans défiance, et qu'elle, si pleine qu'elle fût de l'amour de Dieu, si pénétrée du désir de faire du bien à l'âme de Constant, elle n'employa jamais avec celui-ci ni une parole ni un procédé qui le mît sur ses gardes.

Elle arrivait ; et tout aveugle qu'il fût, il semblait à Constant qu'il vît ce front candide, cette bouche tristement souriante, l'éclat angélique de ces yeux si doux, une sorte de reflet ou d'écho d'Euphrasie à laquelle Paule ressemblait prodigieusement.

Paule prenait la main du malade, lui demandait de ses nouvelles d'une voix argentine qui remuait le cœur du pauvre infirme. Puis elle lui racontait tout ce qui pouvait l'intéresser, même toute sorte de drôleries qui ne manquaient jamais de le dérider, quelquefois de lui arracher un franc rire.

« Qu'as-tu donc, petite sorcière, lui disait-il souvent, pour faire rire un misérable tel que moi ? »

Un certain jour de printemps, Paule avait apporté à son ami un bouquet de narcisses sauvages, qu'elle était allée cueillir pour lui, à près d'une lieue de Montreuil, dans le bois Thibaud. Constant les avait respirés avec un mélange de tristesse et de joie ; puis, poussant un profond soupir,

« J'aimerais pourtant bien, ma petite Paule, dit-il, aller encore à ce cher bois Thibaud, cueillir la primevère et le muguet, entendre les rossignols, me promener lentement par les allées tapissées de gazon, le long des ruisseaux fleuris..... Hélas! je suis aveugle et je vais mourir. »

Il se tut et s'arrêta. Il sentit qu'il allait pleurer. Par un violent effort de volonté, il comprima son émotion.

Paule fut moins forte.

Paule regarda le pauvre aveugle. Dans ses traits tirés, creusés par la souffrance, sur ce visage où semblait déjà installée la pâleur de la mort, elle lut le sort qui attendait son ami.... Surtout elle se dit : « Décidément, il va donc mourir sans Dieu! »

Cette pensée la navra. Toutes ses résolutions d'être sereine, de remonter le courage sans cesse abattu de Constant, d'éviter tout ce qui pourrait l'attendrir, et en l'attendrissant, le contrarier, toutes ces sages résolutions faiblirent..... A onze ans, on n'est pas fort toujours.

Elle glissa sur ses genoux, prit dans ses deux petites mains les mains amaigries de Constant.

« Qu'as-tu, mignonne? dit le malade. T'aurais-je fait de la peine? »

L'enfant ne répondit pas. Mais de ses yeux roulèrent sur les mains de Constant deux grosses larmes.

« Pauvre Constant, dit-elle, je ne puis plus y tenir. Oui, tu me fais de la peine, beaucoup de peine. Je pleure, parce qu'on me dit que tu vas mourir et que tu ne veux pas du bon Dieu à ton lit de mort. Oh! si Euphrasie était ici..... »

Puis, comme si elle eût commis quelque grande faute, elle se sauva.

La supérieure, toute effrayée, accourut près de Constant.

Celui-ci ne dit rien.

Il tendit ses deux mains à la sœur.

Et, comme elle ne comprenait pas,

« Voyez-vous, ma mère, dit-il, ces deux larmes de Paule m'ont vaincu. Serais-je assez misérable pour briser le cœur de ce petit ange? »

« Heureux ceux qui pleurent, a dit le divin Maître, parce qu'ils seront consolés. »

Heureux ceux qui pleurent, oserons-nous dire dans un autre sens, parce qu'ils seront consolateurs.

Ce fut grâce aux deux larmes de Paule, tombées tout droit sur le point sensible de l'âme de Constant, que celui-ci — tout à l'heure encore presque voisin du désespoir — mourut consolé, résigné, joyeux.

EUGÈNE DE MARGERIE.

L'ÉDUCATION DES ENFANTS.

L'éducation a pour objet d'améliorer le cœur de l'enfant en le rendant pur et bon autant qu'il en est susceptible. Or, comme le cœur humain n'est accessible que par la raison, et que la raison à son tour, chez les enfants surtout, ne se laisse guère aborder que par l'intermédiaire des sens, c'est, en dernière analyse, par la prudente direction de leurs sens que l'éducation des enfants devient réalisable. Toucher à propos leur sens par le plaisir ou par la douleur, suivant qu'on se propose de les encourager dans le bien ou de les détourner du mal, là est le premier secret de les bien élever. Que l'on paenne où l'on voudra la société humaine, partout les petites récompenses accordées aux enfants vont à flatter leurs yeux ou leur palais, et c'est par là seulement qu'ils en viennent à comprendre les avantages que la vertu procure et combien il leur importe de savoir la pratiquer. D'autre part, s'ils arrivent à abhorrer sincèrement le vice, n'est-ce pas très-habituellement, pour ne point dire toujours, en conséquence de quelque châtiment corporel qu'il leur a attiré? Les punitions afflictives sont donc l'un des plus essentiels éléments de l'éducation de la jeunesse, et se faire accroire, comme on l'a vu de nos jours, qu'avec un âge qui n'écoute rien, on peut n'user que du raisonnement, c'est une des plus funestes utopies qu'un cerveau creux puisse inventer.

Divers genres de punitions corporelles peuvent être employées pour moraliser les enfants : la prison, le jeûne et la verge, ou, si l'on veut, la discipline. Les deux premiers de ces moyens offrent de tels inconvénients que leur usage, selon nous, doit être réservé pour des circonstances rares. La prison prolongée laissera toujours plus ou moins, dans l'esprit d'un enfant, des traces d'abrutissement, et, la tristesse aidant, si peu que cet enfant soit vicieux, elle le portera presque toujours à se corrompre. Le jeûne souvent répété n'est pas fait pour une époque de la vie où les perpétuels accroissements du corps exigent à diverses heures du jour une nourriture abondante et solide. Et puis la disette rend voleur, et il importe beaucoup de ne pas laisser voir à l'enfant qu'il peut facilement par le larcin se procurer ce dont il manque. La verge, au contraire, administrée avec calme et modération, ne débilite point le corps et ne produit dans l'âme aucun de ces désordres. C'est pourquoi nous croyons que c'est à elle que les parents doivent préférablement recourir lorsque l'obligation où ils sont de faire de leurs enfants des hommes probes et honnêtes, les contraint de les châtier.

Telle est la loi de nature. Mais la Providence ayant prévu que l'orgueil humain voudrait l'effacer du cœur des hommes, elle a voulu que le droit positif divin en rappelât clairement les dispositions dans un livre qui traverse les âges sans que rien puisse l'altérer. Ce livre, en effet, ne se borne pas à rappeler à tous les parents le grand devoir qu'ils ont d'employer la correction pour bien élever leurs enfants; mais de plus, en prenant soin de leur désigner le genre de châtiment qu'ils doivent préférer, il met d'avance à néant toutes les objections qu'une tendresse aveugle pourrait faire. Quels sont, en effet, les prétextes qu'apportent d'ordinaire les parents pour ne pas corriger leurs enfants? Tantôt c'est la peur de nuire à leur santé, (ce qui est plus spécieux) c'est la crainte de les rendre plus méchants en irritant leur caractère. Parfois ils allèguent aussi que l'on ne peut aimer un enfant avec tendresse et se résoudre à le frapper. C'est plus fort que moi, j'aime trop mes enfants pour les battre, vous diront quelquefois des parents qui ne savent pas de quel amour ils aiment. Mais le Saint-Esprit les rassure en les rappelant au devoir dans les termes les plus exprès. N'épargnez point la correction à l'enfant; car si vous le frappez avec la verge il ne mourra point. (Prov. 23, 13.) Ne craignez pas non plus de le rendre encore plus méchant et plus vicieux. Car, si vous le frappez avec discrétion et seulement après l'avoir averti de sa faute, sa jeune conscience, dont vous éveillez ainsi les lumières, sera peut-être la première à vous donner raison. En tout cas, vous pourrez toujours vous rendre ce témoignage, que vous avez fait tout ce qu'il y avait de mieux pour le détourner de sa mauvaise voie et délivrer son âme de l'enfer. Mais le succès dépend encore ici de la persévérance. Tandis que votre fils est méchant, ne cessez pas d'être sévère, et tant que la malice est enracinée dans son cœur, ne vous lassez pas de la détruire par la correction. Vous en viendrez à bout au moyen de la verge. *Stultitia colligata est in corde pueri; et virga disciplinæ fugabit eam.* (Prov. 22.)

Enfin, ne craignez point d'être accusé par moi de cruauté à l'égard de vos enfants lorsque vous aurez employé la verge pour les corriger. C'est alors, au contraire, que vous les aimerez comme je les aime moi-même, et que vous aurez plus fait pour leur bonheur que si vous versiez votre sang pour les avancer dans le monde et leur procurer des richesses. Car, à mes yeux, un père qui aime son fils d'un amour droit et intelligent ne lui ménage pas la verge : *Qui diligit filium assiduat illi flagella;* tandis que celui qui ne fustige pas un fils vicieux prouve bien qu'il ne l'aime point. *Qui parcit virgæ odit filium suum.*

Après de telles citations, il doit nous être permis de ne plus chercher d'autres preuves. Les parents tiennent de Dieu le droit de correction corporelle, et ce droit, à moins d'une réserve formelle, ils le transmettent intégralement à tous ceux qu'ils se substituent pour faire l'éducation de leurs enfants. Ainsi, les précepteurs, les instituteurs et leurs adjoints peuvent frapper leurs élèves au même titre et pour les mêmes raisons qu'ils seraient frappés ou qu'ils devraient l'être en pareil cas dans leur famille. Quant aux limites plus restreintes que les maîtres pourraient se voir imposer de la part des parents, nous les engageons à consulter leur conscience avant de les accepter, et nous les exhortons à déférer à ses avis plutôt qu'à certains réglements qui ont fait de l'instruction publique une école d'insubordination et de révolte dans les lycées et les colléges de l'Etat.

L'entrevue de Tilsitt.

Dis donc, mon fiston, as-tu tété zen Egyp, dans ce gredin de pays, là ousque la terre c'est du sable, là ousque les serpents à sonnette c'est des cocodrilles, là ousque le soleil y vous tombe en pendiculaire sur la coloquinte et vous fend le baptême en quatre ?

— Non, mon fiston, mais j'ai tété à l'entrevue de Tilsix.

— Qu'est-ce que c'est que ça, l'entrevue de Tilsisse ? Pourrais-tu me raconter ça sans te fouler la rate.

— Ça va ty être, z'en deux temps.

V'la qu'un jour, mon capitaine qui me dit : Sans-Chagrin, qui me dit, je vas te mettre de planton à la porte du petit Tondu.

Merci, que je ly dis, mon capitaine ; pas d'offense.

Y avait donc tenviron zune heure que je pilais le poivre, avec ma clarinette de six pieds, devant la porte du petit Tondu, quand je vois arriver un grand troubadour déhanché, bottes vernies, pantalon de nankin, habit de drap fin, chapeau à la claque, figure idem.

C'est ty ici, qui me dit, que reste l'empereur des Français ?

Qu'est-ce que cela te f..., que je l'y dis ?

C'est que je voudrions lui parler.

A ça, crois-tu pas, grand dépendeur d'andouilles, que l'empereur des Français parle à tout le monde ?

Mais je sommes pas tout le monde.

Qui donc que t'es ?

Mais je sommes le roi de Prusse.

Fuuut (en sifflant des lèvres) ; c'est pas de la m.... de chien.

V'la qui me dit d'entrer, pour que je demande voir si faut qu'il entre, j'entre, je demande voir si faut qu'il entre, on me dit qui faut qu'il entre, il entre.

En entrant, il trouve l'empereur des Français, assis sur une botte de paille, à côté d'un pot de chambre, à qui il dit :

C'est à votre majesté, grand protecteur de la Confédération germanique, hérétique, schismatique, que j'ai l'honneur de parler.

Tu penses bien, mon fiston, qu'on m'a f.... la porte au nez et que je ne l'ai pu entendu parler.

V'la ce que c'est, mon fiston, que l'entrevue de Tilsix, et que ça a changé la face du monde et que j'y étais. Je te le dis, foi de Sans-Chagrin.

Les deux verres.

Un mari aimait assez la bouteille : la chose n'a rien d'extraordinaire. La femme : ceci n'est pas ordinaire, n'y voyait pas grand mal. Enfin, un beau jour, elle offre, à son mari, un beau verre, au fond duquel elle avait fait représenter Notre-Seigneur Jésus-Christ. Le mari, avec ce beau verre, buvait de plus en plus fort, et disait, à chaque rasade : « Ah ! mon bon Dieu, que je vous aime donc ; que je vous voie encore une fois ! «

La femme trouva qu'il aimait trop à voir Notre-Seigneur Jésus-Christ dans le fond de son verre, et lui en fit faire un autre, au fond duquel on avait représenté le diable.

Le mari but encore plus fort qu'auparavant. A chaque rasade, il disait : « Ah ! coquin de démon, je te hais tant, que je ne veux pas t'en laisser une goutte. » Et, par horreur pour le diable, il buvait comme il avait bu pour l'amour de Dieu.

Ceci prouve que les dames ne doivent pas offrir, à leur mari, des verres peints dans le fond, avec une médaille d'encouragement.

FOIRES & MARCHÉS

HAUTE-MARNE.

Il se tient 397 foires par année dans la Haute-Marne, dont la durée n'est généralement que d'un jour ; aucune n'est d'une assez grande importance pour être citée, à l'exception toutefois de celles de Langres, qui ont lieu pendant 8 jours, au 15 février et au 18 août, et de celle de Saint-Dizier, qui dure 10 jours, du Samedi-Saint au lundi de Quasimodo

Des lettres-patentes du roi Henri IV, datées du mois d'octobre 1601, confirment les deux grandes foires de huit jours que le feu roi Henri (y est-il dit) avait créées, érigées et établies en novembre 1576 dans la ville de Langres. Ces mêmes lettres-patentes confirment en outre les autres foires qui existaient déjà depuis un temps immémorial.

Foires.

JANVIER. — Chaumont, *le premier samedi.* — 2, Poissons. — 3, Breuvannes. — 5, Fresnes-sur-Apance. — 15, Chassigny. — 17, Bourbonne. — 7, Langres. — 20, Osne-le-Val. — 22, Leffonds. — 23, Melay. — 24, Aubepierre. — 28, Châteauvillain. — 29, Vignory — 30 Clefmont. — Laferté-sur-Amance, *le dernier lundi de janvier.*

FÉVRIER. — Chaumont, *le premier samedi.* — 1, Nogent-le-Roi, Voisey. — Fays-Billot, *le jeudi avant le 2 février.* — Montiérender, *le vendredi avant la Chandeleur.* — 3, Aprey. — 4, Courcelles-Val-d'Esnoms, Serqueux. — 5, Colmier-le-Haut, Prez-sous-Lafauche. — 8, Juzennecourt. — 10, Hortes. — 11, Bologne. — 12, Andelot, Bonnecourt, Marac. — 13, Arc-en-Barrois, Neuilly-l'Évêque. — 15, Langres, 8 jours. — 17, Maranville. — 18, Parnot, Auberive. — 20, Blaise, Chameroy, Bourdons, Coublanc, Curel. — 22, Bourmont, Doulevant, Rochetaillée, Varennes. — 24, Latrecey, Montigny. — 26, St-Dizier. — 27, Biesles. — 28, Orges, Colombey-les-deux-Églises. — Genevrières, *le dernier lundi de février.*

MARS. — Chaumont, *le premier samedi.* — 1, Chalindrey, Doulaincourt. — Bussières-les-Belmont, *le premier lundi de mars.* —

2, Dancevoir. — 12, Aprey, Laferté-sur-Aube, Prangey et Vesvres, Rolampont. — 14, Clefmont. — 15, Bourbonne, Chalvraines, Vassy. — 19, Poulangy, Rochetaillée — 21, Joinville. — 22, Langres. — 24, Courcelles-Val-d'Esnoms. — 30, Arc-en-Barrois. — Montsaugeon, *le jeudi après l'Annonciation.* — Rouvres-sur-Aube, *le mardi de la Semaine-Sainte.* — Saint-Dizier, 10 jours, *du Samedi-Saint au lundi de Quasimodo.*

AVRIL. — Chaumont, *le premier samedi.* — 1, Coublanc. — Montigny, *le mercredi avant Pâques.* — Latrecey, *le jeudi avant Pâques.* — 11, Langres. — 16, Nully. — 18, Auberive, Osne-le-Val. — 19, Aubepierre — 22, Longeau. — 23, Breuvannes. — 25, Châteauvillain, Fays-Billot, Montigny. — Laferté-sur-Amance, *le dernier lundi d'avril.* — 28, Chassigny. — 30, Sommevoire.

MAI. — Chaumont, *le premier samedi.* — 1, Chameroy, Langres, Poissons. — Doulevant, *le premier lundi de mai.* — Pressigny, *le premier jeudi de mai.* — 2, Latrecey. — 3, Saint-Dizier, Semoutiers. — 5, Fresnes-sur-Apance. — 6, Melay, Rochetaillée. — 8, Juzennecourt, Neuilly-l'Évêque. — 10, Andelot. — Varennes, *le lundi après le 11 mai.* — 12, Laferté-sur-Aube, Serqueux. — 13, Dancevoir, Orges. — 14, Clefmont. — 17, Hortes. — 23, Aprey, Blaise, Courcelles-Val-d'Esnoms, Leffonds. — Montsaugeon, *le jeudi après l'Ascension.* — 24, Bourbonne. — 25, Biesles, Chalindrey. — 26, Saint-Urbain. — Nogent, *le mercredi avant la Pentecote.* — Vassy, *le lendemain de la même fête.* — Bourmont, *le mercredi après la Pentecôte.* — 28, Colombey-les-deux-Églises. — Genevrières, *le dernier lundi de mai.*

JUIN. — Chaumont, *le premier samedi.* — Bussières-les-Belmont, *le premier lundi de juin.* — Fays-Billot, *le premier jeudi de juin.* — 4, Poulangy. — 6, Prez-sous-Lafauche. — 7, Montigny-le-Roi. — 11, Arc-en-Barrois. — 12, Rolampont, Langres, *le lendemain de la Fête-Dieu.* — 18, Auberive. — 19, Joinville. — 20, Chalvraines. — 21, Aubepierre, Doulaincourt. — 23, Rochetaillée. — 29, Châteauvillain. — 30, Montiérender.

JUILLET. — Chaumont, *le premier samedi.* — 4, Laferté-s-Aube. — 6, Coublanc. — 9, Varennes. — 10, Colmier-le-Haut, Voisey. — 11, Breuvannes. — 13, Bourbonne. — 15, Doulevant-le-Château, Langres. — 18, Andelot. — 20, Curel, Saint-Dizier. — 22, Latrecey,

Vignory. — 23, Montigny. — 26, Leffonds. — Laferté-sur-Amance, *le dernier lundi de juillet.* — 31, Neuilly-l'Évêque.

AOUT. — Chaumont, *le premier samedi.* — 5, Chassigny. — 8, Juzennecourt. — 10, Châteauvillain. — 12, Bonnecourt, Parnot, Marac. — Pressigny, *le deuxième mardi d'août.* — 13, Arc-en-Barrois, Bourmont. — 17, Montiérender. — 18, Langres, 8 jours. — 19, Saint-Dizier. — 21, Melay. — 24, Nogent-le Roi. — 25, Chameroy. — 26, Chalindrey. — 27, Orges. — 28, Colombey-les-deux-Eglises. 29, Prez-sous-Lafauche, Rochetaillée. 31, Hortes.

SEPTEMBRE. — Chaumont, *le premier samedi.* 1, Vassy. — Varennes, *le premier mardi de septembre.* — 2, Fresnes-sur-Apance. 3, Breuvannes, Poissons. — 4, Prangey et Vesvres. — 5, Doulaincourt. Fays Billot, *le premier jeudi avant la Nativité de N.-D.*, Serqueux. Montsaugeon, *le jeudi après cette fête.* — 7, Bourdons. — 10, Aprey, Montigny-le Roi, Poulangy. — 11, Bologne, Nully. — 12, Bourbonne, Laferté-s-Aube, Longeau, Rolampont. — 13, Courcelles-Val-d'Esnoms, Prez-s-Lafauche. — 14, Neuilly-l'Evêque, Biesles, Clefmont, Rouvres, Semoutiers, Sommevoire. — 15, Maranville. 16, Voisey. 17, Joinville. — 18, Auberive. — 20, Chalvraines. — 21, Vignory. 22, Bussières-les-Belmont, Doulevant, Latrecey. — 26, Dancevoir. 30, Langres.

OCTOBRE. — Chaumont, *le premier samedi.* — 4, Leffonds. 7, Hortes. — 9, Arc-en-Barrois. — 14, Montiérender. — 18, Châteauvillain. — 20, Blaise. — 25, Osne-le-Val, Aubepierre, Vassy, Langres. 27, Aprey, Chameroy. — 28, Rochetaillée, Saint-Urbain. — 29, Bourmont, — Orges. — Laferté-s-Amance, *le dernier lundi d'octobre.*

NOVEMBRE. — Chaumont, *le premier samedi.* — 2, Doulaincourt. 3, Nogent-le-Roi. — 4, Hortes. — 5, Coublanc — 6, Cuirel — 7, Melay. — 8, Colmier-le-Haut, Juzennecourt. — Andelot. — Eclaron, *le lundi qui suit le 11 novembre.* — 12, Cirey-sur-Blaise, Laferté-sur-Aube, Montigny-le-Roi, Voisey. — 14, Neuilly-l'Évêque. — 16, Bourbonne. — 18, Auberive. — 19, Chalindrey. — 21, Varennes. — 22, Doulevant-le-Château. — 23, Rouvres, Fays-Billot. — 24, Biesles. 25, Langres, Latrecey, Saint-Dizier. — 28, Colombey-les-2-Eglises.

DÉCEMBRE. — Chaumont, *le premier samedi.* — 1, Vignory. — Bussières-les-Belmont, *le premier lundi de décembre.* — 6, Châteauvillain. — 7, Vassy. — Montsaugeon, *le jeudi après la Conception*

(8 *décembre*). — 12, Aprey, Rolampont. — 15, Langres. — 20, Chalvraines, Leffonds. — 21, Arc-en-Barrois, Joinville. — Bourmont, *le lundi avant la fête de Noël.* — Montormentier, *le jeudi avant ladite fête.* — 28, Rouvres, Semoutiers. — 29, Blaise. — Saint-Dizier, *le dernier samedi de décembre.*

Marchés.

ARRONDISSEMENT DE CHAUMONT.

Andelot, les 1er et le 3e jeudi de chaque mois.
Arc-en-Barrois : le vendredi de chaque semaine.
Biesles : le jeudi de chaque semaine.
Bologne : le vendredi de chaque semaine.
Bourmont : le samedi de chaque semaine.
Châteauvillain : les vendredis et dimanches.
Chaumont : les mercredis, vendredis et samedis.
Clefmont : le lundi de chaque semaine.
Juzennecourt : le jeudi de chaque semaine.
Nogent-le-Roi : les mardis et vendredis.
Vignory : les mercredis de chaque semaine.

ARRONDISSEMENT DE LANGRES.

Bourbonne : les jeudis et dimanches.
Bussières-les-Belmont : les vendredis de chaque semaine.
Fays-Billot. les jeudis de chaque semaine.
Langres : les lundis, mercredis, vendredis et samedis.
Laferté-sur-Amance : le samedi de chaque semaine.
Montigny-le-Roi : les mercredis de chaque semaine.
Montsaugeon : les jeudis de chaque semaine.
Varennes : les samedis de chaque semaine.

ARRONDISSEMENT DE VASSY.

Doulevant : les samedis de chaque semaine.
Joinville : les mardis, vendredis et samedis.
Montiérender : Les vendredis de chaque semaine.
Osne-le-Val : Les samedis de chaque semaine.
Poissons : les jeudis de chaque semaine.
Saint-Dizier : les mercredis et les samedis.
Sommevoire : les mercredis de chaque semaine.
Vassy : les jeudis de chaque semaine.

AUBE.

Troyes, foires pour chevaux et bestiaux, le jeudi-saint et le 20 juillet. — Saint-Parres-les-Vaudes, marché aux menues denrées tous les jeudis. — Arcis-sur-Aube, marché aux bestiaux tous les lundis. — Méry-sur-Seine, marché aux grains et aux bestiaux tous les jeudis. — Saint-Jean-de-Bonneval, marché tous les dimanches. — Saint-Phal, marché tous les vendredis.

JANVIER. — 9 Brienne. 11 Soulaines. 13 Les Riceys. 15 Auxon. 17 Vendeuvre, 20 Piney. 21 Essoyes. 22 Aix-en-Othe, Ervy. 25 Dienville, Mussy.

FÉVRIER — 1 Saint-Phal. 3 Estissac, Pougy. 6 Villenauxe. 8 Riceys. 10 Troyes 12 Chaource, Font.-l-Grès. 15 Piney, 16 Brienne, Rigny-le-Ferr. 17 Marcilly. 19 Avant, Dienville, Merrey. 20 Charmont, Montiéramey. 21 Marolles, Vendeuvre. 23 Saint-Thibault, Arcis. 24 Lesmont, Saint-Mards. 25 Mussy. 26 Troyes (15 j.). 27 Plancy.

MARS. — 1 Saint-Phal, Champignolle, Marigny, Bar-s-Seine. 4 Romilly. 5 Jully-s-Sarce, Charmont. 7 Lhuître. 8 Villemaur. 10 Maraye, Saint-Jean-de-Bonn. 11 Ervy. 14 Brienne. 15 Méry, Pougy. 16 Dampierre. 17 Chesley, 19 Rigny-le-Ferr. 20 Saint-Jean-de Bonn. 21 Essoyes, Chavanges. 23 Bar-sur-Aube. 24 Payns. 25 Nogent-sur-Seine (8 j.), Bérulles, Plancy, Dienville, 27 Chavanges. 28 Troyes (*foire aux jambons*).

AVRIL. — 1 Saint-Mards, Pont-sur-Seine, Villenauxe. 2 Landreville. 3 Rosnay. 6 Auxon. 8 Pougy. 9 Vauchassis. 15 Saint-Mesmin, Vitry-le-Croisé. 20 Jeugny. 22 Lusigny. 23 Vendeuvre. 24 Origny. 25 Lesmont, Mussy. 26 Estissac.

MAI. — 1 Jully-s-S., Bligny. 2 Ervy, Piney. 3 Ramerupt, Chaource. 5 Jully-s-S. 6 Clérey. 8 Soulaines. 9 Arcis, Brienne, Gyé s-S. 14 Chesley. 17 Saint-Phal, Dienville. 18 Chappes. 20

Grandes-Chap., Orvilliers. 21 Essoyes. 25 Saint-Mards. 27 Bar-sur-Seine. 31 Marcilly.

JUIN. — 2 Plancy. 7 Montiéramey. 11 Pougy, Riceys, Nogent-sur-Seine (3 j.), Chamoy, 15 Chavanges, Maraye. 16 Marolles. 18 Aix-en-Othe. 19 Estissac, 20 Méry, Saint-Jean-de-B., Cunfin, Chavanges. 21 Arcis. 22 Auxon, Bar sur-Aube (*foire aux laines*). 24 Vanlay, Troyes (*loc. de dom.*), Trainel (2j.), Saint-Pierre-de-B. 25 Vendeuvre, Bouilly, Romilly. 28 Dampierre, Chaource. 30 Ervy.

JUILLET. — 1 Rigny-le-Ferron, Saint-Mards. 5 Villenauxe. 12 Clerey. 15 Riceys. 18 Chesley. 20 Troyes. 22 Piney. 24 Saint-Phal.

AOUT. — 6 Clérey. 12 Jeugny. 16 Orvilliers. 22 Saint-Phal. 24 Arcis, Loches. 25 Chaource. 26 Nogent-sur-Seine. 28 Ville-s-Arce. 29 Lesmont. 30 Auxon. 31 Riceys, Nogent-s-S., Bar-s-Aube.

SEPTEMBRE. — 1 Mussy, Estissac, Troyes (15 j.). 2 Marcilly. 3 Aix en-Othe, Avant. 5 Bar-s-Seine. 8 Landreville. 9 Dienville. 10 Chesley. 11 Charmont. 12 Rigny-le-Ferron, Sommeval. 13 Neuville-s-S , Rigny-le-Ferr. 14 Ramerupt, Ervy. 15 Champignolles. Font.-Saint-Georges. 17 Soulaines, Celles. 19 Bligny. 20 Saint-Jean-de B. 21 Pougy, Essoyes, Saint-Mards. 24 Payns. 25 Méry. 27 Chamoy. 29 Rumilly-les-Vaud., Villenauxe.

OCTOBRE. — 1 Traînel, Pinet, Charmont. 2 Arcis. 4 Chavanges. 7 Romilly. 9 Lhuitre, Maizières, Marigny. 10 Rosnay, Saint-Phal. 12 Marcilly. 13 Saint-Lupien. 15 Grandes-Chapelles, Chavanges. 18 Lesmont, Chaource. 19 Bérulles. 20 Maraye. 21 Vendeuvre. 22 Troyes. 26 Brienne. 28 Dampierre, Nogent-s-S. (3 j.), Riceys. 29 Vauchassis. 30 Dienville. 31 Marigny.

NOVEMBRE. — 1 Brienne. 2 Lusigny, Piney. 3 Plancy, Bouilly. 4 Aix-en Othe. 5 Chappes. 7 Chavanges. 8 Vitry-le-Croisé. 10 Chesley, Montiéramey. 11 Saint-Mesmin, Marigny,

Mussy. 12 Sommeval. 13 Rigny-le-Ferr., Ramerupt. 15 Pont-s-S., Saint-Parres-l-Vaud. 18 Lesmont. 20 Saint-Jean-de-B. 21 Essoyes. 24 Soulaines. 25 Estissac, Clérey, Saint-Mards, Méry.

DÉCEMBRE. — 1 Arcis, Brienne, Ervy. 6 Gyé-s-S, Saint-Mards (2 j.). 8 Villemaur. 9 Dienville. 13 Bar-s-S. 18 Origny-le-Sec. 19 Chavanges. 20 Chaource. 21 Loches. 22 Pougy, Saint-Phal. 26 Trainel (2 j.). 27 Dampierre. 30 Saint-Mards. 31 Ramerupt.

COTE-D'OR.

JANVIER. — 2 Châteauneuf. 3 Menessaire. 4 Jallanges. 5 Rouvray. 6 Arnay-le-Duc. 7 Nolay. 10 Pouilly-en-Auxois. St-Jean-de-Losne. 13 Vitteaux. 15 Bligny-s-Ouche (3 j.), Minot. 20 Seurre. 22 Mirebeau, Semur. 23 Fontaine-Française. 24 Gevray, Aignay. 25 Chanceaux. 27 Châtillon, Selongey, Meursault. 29 Saulieu. 31 Grancey-le-Châtel, Autricourt, Précy, St-Seine.

Le Samedi avant la Purification, marché de porcs et comestibles à Selongey.

FÉVRIER. — 1 Marigny-le-Cahouet, Chagny. 3 Savoisy, Sombernon, Thilchâtel. 5 Salmaise, Sacquenay. 6 Arnay-le-Duc. 7 Epoisses. 8 Rouvray. 10 Sainte-Sabine, Touillon, St-Jean-de-Losne. 12 Argilly, Villaines-en-Duémois. 14 Binges-Ivry. 15 Vitteaux, Coulmier-le-Sec, Talmay. 17 Pouilly-en-Auxois, Frolois. 20 Baigneux, Châteauneuf, Gémeaux, Seurre 21 Semur. 22 Nolay. 23 Laignes, Recey, Saulieu, 24 Montbard, Chailly, Beaune. 25 Pontailler. 26 Bussy-le-Grand. 27 Is-s-Thil. 28 Mimeurs.

MARS. — 1 Villy-en-Aux., Viserny, Nicey, Malain, Meilly. 2 Minot, Pouillenay, Renève. 3 Couchey, Vielverge. 4 Bèze, Bligny-s-Ouche (3 j.), Mailly, Nuits. 5 Chanceaux, Chaumes. 6 Arc-s-Thil, Rouvray. 7 Arnay-le-Duc. 8 Mont-Berthaud, Genlis. 10 St-Jean-de-Losne (3 j.), Dijon (3 j.), Belan. 11 Moutier. 12

Liernais. 14 Mirebeau, Gevrolles. 15 Laône, Lamargelle, Viévy. 16 Auxonne, Vanvey, Venarey. 18 Selongey. 19 Précy-s-Thil. 20 Seurre, la Marche. 21 Alize. 23 Vitteaux. 24 Font.-Franç., Grignon, Saulieu. 25 Dijon. 26 Molesme, Salives, Sainte-Sabine, Semur. 28 Aignay, 30 Baigneux, Pouilly-en-Auxois. 31 Verrey.

AVRIL — 1 Perrigny-s-l'Ogn., Sombernon, Voulaines. 2 Braux, Saulon-la-Rue, Châtillon-s-S. 3 Nolay. 4 Montbard. 6 Arnay-le-D. 9 Châteauneuf. 10 St-Jean-de-Losne, Villaines-en-Duém. 11 Flavigny. 12 Is-s-Thil, Brazey. 14 Rouvray. 15 St-Seine. 16 Semur, Villiers-le Sec. 17 Vitteaux. 18 Thôtes. 19 Epoisses. 20 Saulieu, Fleurey-s-Ouche, St-Seine-s-Ving. 21 Recey-s-Ource, Longeau. 22 Chailly. 23 Jallanges, Nan-s-Thil. 24 Villy. 26 Marigny, Pontailler, 27 Savoisy. 30 Merceuil.

MAI. — 1 Aiserey, Bligny-s-Ouche (3 j.), Minot, Renève, Salmaise, Nicey, Montigny. 3 Messigny. 4 Arc-s-Thil, la Roche-en-Bren. 5 Argilly, Montigny, Selongey, 6 Selongey, Bussy le-Gr., Arnay-le-Duc, Nuits. 7 Laignes, Précy-s-Thil. 9 Vitteaux. 10 St-Jean-de-Losne (3 j.), St-Broing les-M., Nolay. 11 Grancey-le-Ch., Montbard, Liernais. 12 Coulm. le-S , Longchamp. 13 Aignay, Nicey, 14 Rouvray. 15 la Marche, Vanvey, Moutier, Pagny, Pouillenay. 16 Pouilly-en-Aux. 17 Saulieu. 21 Ivry, Seurre, Talmay. 23 Fontaine-Franç., Sombernon. 25 Chevigny, Chaumes. 26 St-Thibaut. 27 Etais, Longecourt. 28 Grignon. 29 Bussy-le-Grand. 30 Meilly. 31 Semur.

JUIN — 1 Mirebeau. 2 Chailly, Touillon. 3 Chanceaux. 4 Bligny-s-Ouche (3 j), Bonnencontre, Villaines-en-Duém. 5 Braux, Châtillon (3 j.), Gevrey. 6 Thoisy, Vanvey. 7 Genlis, Arnay-le-Duc. 8 Baigneux, Châteauneuf. 9 St Seine, Epoisses. 10 Autricourt, Labergem.-le-Duc, Dijon (10 j.), Montbard, *p. les laines*, Liernais. 11 Messigny. 12 Is-s-Thil, Mimeurs. 13 Vielverge, 14 Rouvray. 16 Commarin. 17 Précy-s Th. 18 Châtillon (3 j.), 20 Auxonne, Grancey, la Roche en-Bren. 21 Alise. 22 Salives. 23 Bèze, Vitteaux. 24 Dijon (7 j). Minot, Ste-Sabine, Moutier-St-Jean (*p. les laines*). 25 Semur. 26 Pontailler, Savoisy, Saul. 28 Aignay, 30 Flavigny, Nolay.

JUILLET. — 1 Seurre, Bussières, Châtillon. 2 Braux. 3 Laignes, Selongey (2 j.). 4 Mont-St-Jean. 6 Arc-s-Thil, Arnay-le-Duc. 7 Pouilly-en-Auxois. 10 Liernais. 12 Baigneux, Nan-s-Thil, Font.-Franç. 13 Villy-en Aux. 14 Montbard. 15 Rouvray, Bligny-s-Ouche. 20 Mirebeau. 22 Sombernon. 24 Molesme, Recey-s-Ource. 27 Saulieu, 29 Vitteaux. 30 Montigny.

AOUT. — 6 Arnay. 9 Argilly. 12 Nolay. 13 Saulx. 16 St-Jean-de-Losne (8 j.), 18 Aignay, la Roche-en-Bren. 19 Ste-Marie-la-Bl., Puligny, Ivry. 20 Fontenay, St-Seine-s-Ving. 21 Châtillon, 23 Châteauneuf, Saulieu. 24 Villers-le-D. 25 Vitteaux, Sombernon. 26 la Marche, Messigny. 27 Is-s-Thil. 28 Salmaise, Rouvray, Labergem. 29 Sacquenay, Moutier, Seurre. 30 Binges, Bligny (3 j.), Perrigny. 31 Epoisses.

SEPTEMBRE. — 1 Braux, Chanceaux, Renève, Mâlain, Nicey, Voulaines, Montigny, Meilly. 2 Bèze, Marigny, Meursault, Saulon la-Chap., la Doix. 3 Grancey, Arc-s Thil (2 j.), Montberthaud, Coulm.-le-Sec, Frolois. 4 Chaumes, Touillon. 5 St-Seine, Genay, Belan. 6 Talmay, Arnay, Selongey (*la veille p. les bêtes à laine*). 7 Gevrolles, Forléans, Brazey. 8 Voulaines, Liernais, Genlis. 9 les Maillys, Semur. 10 St-Jean-de-Losne. 11 Villaines, Précy-s-Th. 12 Flavigny, Autricourt, Minot, Longeau. 14 Nolay, Montbard, Mirebeau. 15 Pouilly en-Aux., Fleurey-sur-Ouche, Verrey. 16 Bonnencontre, Grignon, Venarey, Pouillenay. 17 Aiserey, Salives. 18 Gémeaux, 19 St-Thibault. 20 Lamargelle. 22 Moutier, Vielverge. 23 Alize. 24 Pontailler, Jallanges, Laignes. 25 Fontaine-Française, Longecourt, Saulieu, Savoisy. 26 Longchamp, Aignay. 27 Chevigny, Vitteaux. 30 Mont-St-Jean, Recey-s-Ource.

OCTOBRE. — 1 Montigny. 3 Bussy le-Gr., Ste-Sabine. 4 Sombernon. 6 Arnay. 7 Borde, Pagny-la-V., Rouvray, Ruffey. 8 Vauvay. 9 Salmaise, Pagny-Château. 10 Chailly, St-Jean-de-Losne (3 j.), Coulm.-le-Sec. St-Broing-l-M. 12 Viévy, Commarin. 13 Molesme, Rouvres, Salives, la Roche-en-Br, 14 Nolay, Saulon-la-Rue, Baigneux, Nuits. 16 Pouilly-en-Aux. 17 St-Seine. 18 Messigny, Thoisy. 19 Is-s-Thil, Châtillon (3 j.). 20 Semur, Argilly. 21 Auxonne (8 j.). 23 Bligny-s-Ouche (3 j.), Saulieu. 25 Couchey. 26 Vitteaux. 27 Ivry. 28 Flavigny. 30 Aignay. 31 Précy.

NOVEMBRE. — 1 Nicey. 2 Epoisses, Thil-Châtel, Meilly. 4 Alise, Puligny, Villy-en-Aux 5 Rouvray, Marigny-le-Cah. 6 Arnay-le-Duc, Minot, Molinot, Savoisy, 7 Grignon, Venarey. 8 Genlis, Touillon, Châteauneuf. 9 Gevrey. 10 St-Jean-de-Losne, Dijon (7 j.), Villaines. 11 Pouillenay. 12 Beaune (8 j.), Montbard, Perrigny, Selongey, 13 Vitteaux. 14 Laignes, Nan-s-Th. 15 Sombernon, Chanceaux. 16 Recey-s-Ource. 17 Mont-St-Jean. 18 Nolay 19 Nicey. 20 Semur. 22 Baigneux, Pouilly-en-Aux. 24 Font.-Franç., Aignay. 25 Pontailler, Saulieu, Seurre (8 j.). 26 Gemeaux. 30 Salives, Salmaise.

DÉCEMBRE. — 1 Malain, Bligny-s Ouche (3 j.). 2 Is-s-Thil., Renève, Rouvray, Nuits. 4 Arc-s Thil., Châtillon, Menessaire. 5 Genay, Arnay-le-Duc. 6 Grancey, la Roche-en-Bren. 7 Chanceaux. 8 Savoisy. 9 Flavigny. 10 St-Jean-de-Losne, Epoisses. 12 Liernais. 13 Pouilly-en-Aux. 15 Vitteaux. 16 Montigny, Meursault. 18 Aignay, Semur. 20 Sombernon, Bèze, 21 Saulieu, Selongey. 22 Auxonne, Bussy-le-Gr , Recey. 23 Santenay, Précy-s-Thil. 28 Montbard. 30 St-Seine.

HAUTE-SAONE.

FOIRES MENSAIRES.

Toutes les foires importantes sont indiquées par ce signe (*).

Bucey-les-Gy, les 1er février, avril, juin, août, octobre et décembre.

Boulot, les 5 février, avril, juin, août, octobre et décembre.

Soing, les 5 janvier, mars, mai, juillet, septembre et nov.

Rioz, le 10 de chaque mois.

Montbozon, tous les premiers lundis de chaque mois.

Saint-Loup *, le premier lundi de chaque mois.

Luze *, le premier mardi de janvier, février, mars, avril, mai, juillet, août et septembre.

Jussey *, le dernier mardi de février, avril, août, octobre et décembre.

Vesoul *, le jeudi de chaque semaine de carême; le deuxième jeudi de chaque mois, excepté novembre.

Ronchamp, le premier jeudi de février, mai, août, septembre.

Faucogney, le premier jeudi de chaque mois.

Luxeuil *, le premier samedi de janvier, mars, mai, juillet, septembre et novembre.

Héricourt *, le deuxième jeudi de chaque mois.

Fougerolles, le quatrième mercredi de mars, mai, juillet et septembre.

Villersexel, le premier mercredi de chaque mois.

Servence, le 3e lundi de chaque mois.

Conflans, le 2e mardi de février, mars, avril, mai, juin, août, septembre et novembre.

JANVIER. — 1 Frêne 5 Vauvilliers. 7 Faverney. 8 Gray, Gy, Grange-le-Bourg. 15 Seveux. 20 Combeaufont., Gray *. 22 Jonvelle, 23 Chambornay. 24 Beurcy. 25 Cromary. 30 Port-s-Saône, Fondrement. 31 Esprels.

FÉVRIER. — 1 Échenoz 2 Grandvelle. 3 Pesmes, Faverney. 5 Le Plain. 7 Amance. 11 Voray. 12 Vasté. 13 Passavant. 14 Lavoncourt, Noidans, Saulx. 15 Ray. 17 Gy. 19 Scey, la Chap.-St-Quill. 20 Morey, Champlitte. 22 Grammont, Marnay, Plancher-B. 24 Mont-Justin. 27 Purgerot, St-Remy.

MARS. — 1 Beaujeux, Noroy. 2 Grandvelle. 3 Dampierre, Avrigny. 5 Combeau-Font., Broye-les-Pesme. 6 Vitrey, Corravillers. 7 Amance. 8 Frâne, Gray. 10 Vallay. 11 Clairegoutte, Grange-le-Bourg. 12 Charriez, Breurey, Montigny. 13 Pontcey, Mélisey. 14 Villexon. 15 Montagny. 18 Pin. 19 Chauvirey. 20

Frétigney, Autrey. 21 Ray. 24 Choye, Echenoz, Vauvillers. 26 Faverney, Jussey. 27 Port-s-Saône, Esprels, Vernois. 28 Champagney.

AVRIL. — 6 Montjustin. 7 Amance. 8 Jonvelle. 9 Noroy. 10 Fouvent-le-H., Seveux, Saulx. 12 Traves. 15 Corre, Combeau-Font. 17 Vesoul * (8 j). 20 Faverney, Frétigney, Gray, Cintrey. 22 Port-s-Saône. 23 Oiseley. 24 St-Remy. 25 Chambornay, Noidans. 29 Vauvilliers, Scey.

MAI. — 1 Corravillers. 2 Amance, Grandvelle, Plancher-Bas. 4 Pesmes. 5 Beurcy 6 Frâne, Noroy, Gy. 7 Le Plain, Morey. 8 Pontcey, Gray, Fondremand. 10 Champlitte, Faverney. 11 Pin. 12 Ray, Dampierre. 13 Port-s-Saône * (4 j.), Grange-le-B. 14 Saulx, Vernois. 15 Cromary, Noidans. 16 Beaujeu, Purgerot. 17 Traves. 18 Fresne. 20 Frétigny, Vitrey. 23 Chambornay. 25 Cugney, Combeau-Font. 29 Vauvillers. 30 Champagney. 31 la Chapelle-St-Quillain.

JUIN. — 1 Vellexon, Voray. 2 Grandvelle, Dampierre. 3 Scey *. 4 Choye. 6 Chauvirey, Vallay, Grammont. 7 Lavoncourt, Chariez. 8 Fondremand. 9 Oyrières. 10 Amance. 11 Marnay, St-Remy. 12 Pontcey, Mélisey, Saulx. 13 Port-s-Saône. 15 Faverney, Noidans, Pin. 16 Champlitte. 17 Scey. 20 Frétigny, Autrey, Beurcy. 23 Chambornay. 25 Jussey. 26 Esprels. 30 Jonvelle, Montjustin.

JUILLET. — 1 Gy. 2 Grandvelle. 3 Corravillers. 4 Purgerot. 7 Faverney. 8 Fondremand, Gray, Saulx. 9 Morey. 10 Frâne, Mélisey. 11 Pin. 16 Frétigny. 19 Gray *. 22 Vauvilliers. 24 St-Remy.

AOUT. — 1 Dampierre, Plancher-Bas. 3 Pesmes, Fondremand. 4 Port-s-Saône. 6 Le Plain, Noidans. 7 Lavoncourt. 10 Seveux. 11 Cromary, Amance, Champlitte. 12 Grange. 13 Vernois. 14 Chap.-St-Quillain, Pontcey, Broye-le-P., Echenoz. 15 Ray. 16 Faverney, Fresne, Voray. 17 Beaujeux. 18 Combeau-Font. 20 Frétigny, Corre. 24 Chauvirey, Montjustin. 26 Oiselay, Vallay. 27 Breurcy. 28 Frâne. 29 Champagney. 30 Traves.

SEPTEMBRE. — 1 Vitrey, Dampierre, Oyrières. 2 Grandvelle, Gy. 3 Marnay. 4 Corraviliers. 5 Chariez. 7 Autrey, Vauvillers. 8 Gray. 9 Faverney, Scey, Clairegoutte. 10 Cintrey, Saulx. 11 Mélisey. 12 Pin. 14 Jonvelle. 15 Avrigny, Voray. 17 Vasté, Morey. 18 Noroy. 19 Gray *. 20 Frétigny, Villexon. 24 Noidans, Jussey. 29 St-Remy. 30 Fondremand.

OCTOBRE. — 1 La Chapelle-St-Quillain, Port-s-Saône, Conflans 2 Grandvelle. 7 Lavoncourt. 8 Passavant. 9 Purgerot, Port-s-Saône 14 Grange le-Bourg. 15 Cromary, Grammont, Seveux. 16 Pontcey. 18 Chariez, Fresne. 20 Montagny, Breurey. 21 Oyrières 23 Chambornay. 25 Beaujeux. 29 Champlitte, Faverney, Vallay. 30 Esprels.

NOVEMBRE. — 1 Dampierre. 2 Grandvelle. 3 Combeau-Fond, Noidans, Ormoy. 4 Gy, Scey. 5 Le Plain, Fauvent. 6 St-Remy. 7 Montigny, Plancher-Bas. 8 Fondremand, Gray. 11 Purgerot, Ray. 12 Traves, Morey. 13 Mélisey. 20 Vitrey. 23 Pesmes. 25 Vesoul *. 26 Jussey. 28 Champagney.

DÉCEMBRE. — 1 Champlitte, Marnay. 3 Oyrières. 6 Chauvirey, Dampierre. 7 Echenoz. 8 Vauvillers. 9 Faverney, Oiselay. 12 Pin. 20 Villexon. 21 Autrey. 22 Amance. 23 Scey. 29 Beaujeux.

MARNE.

Cormicy, le 1er mardi de ch. m. — Reims (2 j.), les 1er et 3e jeudis de juin, juillet et août. — Sézanne, le 1er sam. de fév., avril, juin, sept., nov.

*Le signe * indique que si les foires tombent un dimanche ou un jour de fête légale, elles sont remises au lendemain.*

JANVIER. — 6 Mesnil. 7 Reims (3 j.) 8 Etoges. 15 * Fère-Champen. 18 Sommepy. 22 Vitry-lès-Reims. 23 Dormans. 25 Venteuil, La Chaussée.

FÉVRIER. — 1 Jonchery, Avise. 2 Baye. 3 Bourgogne. 8 Givry. 10 St-Amand. 13 Fleury-la-Rivière. 14 Châtillon. 15 Vanault-les-Dam. 17 Châlons (8 j.), Cormontreuil, Orbais. 19 Montmirail, Fismes. 20 Trigny. 22 Ste-Menehould (3 j.), Congy. 24 Mareuil, Vitry-le-Fr., Vertus. 25 Venteuil.

MARS. — 1 * Fère Champenoise. 4 Vitry, St-Amand. 5 Montmort. 6 Sermaize. 7 Sermiers. 9 Epernay. 11 Soudron, Charmont, Hermonville. 12 Suippes. 15 Crugny. 18 Montmirail, Somsois, Courtisols. 20 Sommepy. 22 St-Remy-en-Bouzem. 26 Damery, 28 Sommevesle.

AVRIL. — 1 Mareuil. 2 Margery, Reims (8 j.). 6 Esternay. 8 Etoges, Verzy. 15 Vitry-le-Fr., Dormans. 16 Châlons (8 j.). 17 Loisy. 22 Ay. 23 Vitry-le-Fr. (15 j.). 29 Pogny. 30 Beine.

MAI. — 1 * Fère Champ. 2 Congy. 3 Vertus. 4 Prosne. 6 Avenay. 8 Ste Mennehould (3 j.). 9 Ville-en-Tarden., Courgivaux, Givry, Suippes. 10 St-Amand, Baye. 11 Warmeriville. 13 Damery, Chigny. 15 Charmont. 16 St-Germain-la-V., Condé. 18 Jonchery, Châlons (8 j.). 20 Mourmelon, Sillery, Hautvillers, Margerie, Mesnil, La Neuville. 25 Heiltz-le-Maur., Chaumusy. 27 Orbais. 28 Cheppes. 31 Largerie.

JUIN. — 1 Vanault-le Chât., Sommesous. 2 Vitry-les-Reims. 4 Sermaize. 8 St-Souplet. 11 Châtillon-s-M. 13 Sommepy, Courtisols. 15 Châlons, * Fère-Champ. 18 Pont-Faverg. 19 Esternay, Dormans. 20 Trigny. 24 Bourgogne, St-Jean-s-Tourbe. 25 Vertus, Vitry-en-Pert. 29 Tour-s-M., Montmirail (2 j.), Anglure. 30 Fismes.

JUILLET. — 1 Ludes, Albois 2 Montmort. 4 Largery, Suippes. 7 Trépail. 8 Avize, Etoges. 15 Venteuil. 19 Baye. 22 Epernay, Vitry-le Fr. 23 Reims (3 j.). 25 Venteuil.

AOUT. — 1 Châlons (3 j.). 11 Ville-en-Tard. 15 Vienne-le-Chât. (3 j.), Courtisols (2 j.). 16 Montmirail. 18 Hauteviller. 21 Cormontreuil. 24 Ste-Menehould (3 j.). 25 Avize. 29 Suippes. 30 Boult, Damery. 31 Jonchery.

SEPTEMBRE. — 1 * Fère-Champ., Vitry-le-Franç., Mareuil. 2 Ludes. 3 Verzy. 4 Châtillon, 7 Châlons, *p. chev. et best.* 8 Ay, Hermanville. 9 Charmont, Fismes, Vertus. 10 Juvigny. 11 Vitry-les-Reims. 12 Bassuet, Sommevesle, Sermiers. 14 Epernay (3 j.). 15 La Chaussée. 16 Montmirail. 19 Sillery. 20 Treigny, St-Amand, Neuilly. 21 Courgivaux, Suippes. 22 St-Remy-en-Bouzem. 23 Prosne. 24 Largery. 25 Aumenancourt. 26 Congy. 27 Pogny. 28 Orbais. 30 Reims (3 j.).

OCTOBRE. — 1 Vitry-le-Fr. 2 Esternay. 4 Mourmelon. 6 Sommesous. 7 Soudron, St-Germain-la-V. 8 St-Souplet, St-Germain-la-V. 9 Vanault-le-Ch. 12 Châlons. 14 Etoges. 15 Crugny. 17 Courtisols (2 j.). 18 St-Amand, Beine. 19 St-Just. 20 Sommepy. 21 Sermaize. 26 Heiltz-le-Maur., Epernay (2 j.). 28 Cheppes. 29 Montmirail (2 j.), Dormans.

NOVEMBRE. — 3 Suippes, Ville-en-Tard. 4 Albois. 5 Montmort. 7 Congy. 11 Pont-Faverger, Ste-Mennehould (3 j.), Vitry-le-Fr., Froissy, Anglure. 12 Vertus, Châtillon-s-M. (2 j.). 15 St-Mards. 16 Somsois, Châlons (8 j.). Orbais. 25 Arenay, * Fère-Champ. (2 j.), Jonchery, Juvigny, Mareuil. 29 Baye. 30 Givry.

DÉCEMBRE. — 1 Avize, * Vitry-le-Fr., Fismes (2 j.). 2 Sézanne (2 j.). 6 Sézanne, Damery. 7 Charmont, Condé. 10 St-Amand. 12 Courtisols (2 j.). 15 Chamuzy. 16 Igny, Montmirail. 22 Loisy. 24 Hermonville, Montmort. 26 Largery. 31 Esternay.

VOSGES.

Bruyères, 2e et 4e mercredis de chaque mois.
Epinal, 1er et 3e mercredis de chaque mois.
Gérardmer, 2e jeudi de chaque mois.
Le Thillot, 2e lundi de chaque mois.
Mirecourt, 2e lundi de chaque mois.

Rambervillers, 2e jeudi de chaque mois.
Remiremont, 1er et 3e mardis de chaque mois.
Saint Dié, 2e mardi de chaque mois.
Senones, 2e lundi de chaque mois.
Vagney, 1er lundi de chaque mois.

JANVIER. — 1 Dompaire. 7 Vicherey. 8 Celles. 12 Fraize. 15 Houécourt. 20 Liffol, Schirmeck (2 j.). 22 Vrécourt (2 j.). 30 Neufchâteau.

FÉVRIER. — 1 Darney, Dommartin, Monthureux-s-Saône. 3 Autreville, Ville-s-Illon, Raon l'Étape. 5 Provenchères. 6 Charmes. 9 Isches. 10 Lamarche. 11 Bulgnéville. 14 Châtenoy. 19 Docelles, Val-d'Ajol. 20 Vittel, Bains. 24 Grand, Neufchâteau. 25 Châtillon. 26 Harol, Remoncourt, Corcieux. 27 Châtel.

MARS. — 1 Coussey. 4 Vicherey. 5 Fontenoy. 6 Cornimont. 7 Hadol. 8 Fraize. 11 Ruau, Celles. 14 Xertigny, Monthureux-s-Saône. 18 Tholy, Val-d'Ajol, Provenchères. 19 Granges, Schirmeck (2 j.). 20 Damblain, Rupt. 21 Plombières. 25 Neufchâteau. 30 Isches.

AVRIL. — 1 Darney. 2 Fontenoy, Charmes. 3 Cornimont. 10 Bulgnéville. 15 Saulxures, Val d'Ajol. 18 Plombières. 20 Liffol. 23 Dommartin, Lamarche. 30 Vrécourt.

MAI. — 1 Houécourt, Cornimont. 6 Vicherey, Fontenoy, Dompaire. 9 Autreville, Xertigny. 10 Fraize. 11 Vittel. 15 Isches, Rupt. 16 Monthureux-s-Saône. 20 Docelles, Val-d'Ajol, Remoncourt. 21 Bains, Châtel. 25 Châtenoy, Ville-s-Illon. 27 Corcieux.

JUIN. — 1 Darney, Neufchâteau (*bestiaux et laines*). 3 Sérécourt. 4 Schirmeck (2 j.). 5 Cornimont. 10 Châtillon, Bellefontaine. 11 Charmes. 13 Xertigny. 17 Val-d'Ajol, Saales. 18 Granges, Lamarche. 19 Damblain. 20 Plombières. 24 Ruaux. 26 Dommartin. 27 Bulgnéville.

JUILLET. — 8 Remoncourt, Celles. 12 Fraize. 15 Vicherey, Val-d'Ajol. 18 Grand, Xertigny. 20 Houécourt, Liffol. 22 Vrécourt. 24 Isches. 25 Monthureux-s-Saône. 26 Neufchâteau. 29 Corcieux.

AOUT. — 1 Darney. 2 Châtenoy. 4 Lamarche. 5 Hadol. 7 Cornimont. 11 Vittel. 13 Châtel. 16 Baudricourt, Boulaincourt, Val-d'Ajol. 19 Dompaire, Tholy, Provenchères. 20 Bains, Granges. 21 Rupt. 22 Xertigny. 26 Charmes. 27 Châtillon. 29 Damblain.

SEPTEMBRE. — 3 Fontenoy. 7 Autreville. 9 Domremy. 11 Bulgnéville. 12 Grand, Isches. 13 Remoncourt. 15 Châtenoy. 16 Docelles, Saulxures, Val-d'Ajol. 20 Vicherey. 23 Plombières. 26 Monthureux s-Saône. 30 Neufchâteau, Charmes.

OCTOBRE. — 1 Darney, Fontenoy. 2 Cornimont. 4 Dommartin. 9 Ville-s-Illon. 10 Vrécourt, Xertigny. 14 Celles. 16 Rupt. 17 Vittel. 19 Lamarche. 20 Houécourt, Liffol. 21 Tholy, Val-d'Ajol. 22 Châtel. 26 Raon l'Étape, Neufchâteau. 30 Coussey. 31 Monthureux-s-Saône.

NOVEMBRE. — 3 Autreville. 5 Grand, Schirmeck (2 j.). 6 Cornimont. 10 Châtillon. 12 Vicherey. 19 Bains, Granges. 23 Poussay. 25 Damblain. 26 Isches.

DÉCEMBRE. — 1 Charmes, Darney, Neufchâteau. 3 Fontenoy. 6 Bulgnéville. 16 Docelles. 19 Monthureux s-Saône. 21 Châtenoy. 23 Provenchères. 29 Lamarche. 30 Corcieux.

CHAUMONT. — IMPRIMERIE DE C. CAVANIOL.

LES BELLES HEURES
RECUEILLIES PAR LES SOINS
D'ANNA MARSAN & D'A.A.M. STOLS

L'ÉTOILE DE POCHE

PAR

TRISTAN DERÈME

* * *

FRONTISPICE DE

SACHA KLERX

MAESTRICHT
CHEZ A.A.M. STOLS
1929

LES BELLES HEURES

V

L'ÉTOILE DE POCHE

La poésie est une étoile de poche.

THÉODORE DECALANDRE.

LES BELLES HEURES
RECUEILLIES PAR LES SOINS
D'ANNA MARSAN & D'A.A.M. STOLS

L'ÉTOILE DE POCHE

PAR

TRISTAN DERÈME

* * *

FRONTISPICE DE

SACHA KLERX

MAESTRICHT
CHEZ A.A.M. STOLS
1929

A ma bien chère Maman, pour qu'elle lise ce livre sous les troènes en fleurs de Saint-Pée et sous le beau figuier des vacances béarnaises, de tout mon cœur.

Tristan.

ASSIS dans son grand fauteuil d'osier, sous les troènes, dont l'air ensoleillé faisait voler les fleurs couleur d'ivoire et de nacre, M. Théodore Decalandre rendit son salut au bouvier qui passait sur le chemin. C'était une belle après-midi de septembre et nous parlions des poètes et de la poésie.

— Je voudrais, dit soudain Mme Baramel, que l'on traitât de ces problèmes et de ces mystères un peu sérieusement. Vous ne cessez de mêler à votre discours des phrases qui ressemblent fort à des railleries.

M. Decalandre frotta doucement sa longue barbe blanche.

— Il ne me déplairait pourtant pas, répondit-il, que l'on pût disserter des objets les plus graves avec quelque enjouement. Nous en avons obtenu la permission de notre maître qui s'appelait Horace, non pas le vieil Horace ni le jeune Horace, mais, si vous le voulez bien, le bon Horace, qui est vieux comme la sagesse, mais qui est jeune comme la poésie, et après qui nous pouvons dire: Qu'est-ce qui peut bien nous empêcher de dire la vérité en riant?

Mais on ne rit plus. Du moins, on dit qu'on ne rit plus; et dès qu'on dit qu'on ne rit plus, on est bien près de ne plus rire. Il serait donc sage, sans doute, si nous tenons à rire, de déclarer que nous rions; et, peut-être, de la sorte, ririons-nous en effet. C'est une méthode où l'on se plaît en nos saisons et qui est, pour la peindre rapidement, lorsque l'on veut bénéficier du bonheur, de se persuader d'abord que l'on est heureux; et cette manière de faire reflète assez bien, d'ailleurs, certaine pensée de Pascal. Et si nous avons Pascal avec nous, nous voilà fort près, je pense, d'avoir raison.

Horace, encore, nous enseignait: „Voulez-vous que je pleure? Pleurez d'abord!" Boileau traduisait cela beaucoup mieux:

Pour me tirer des pleurs, il faut que vous pleuriez,

disait-il. Mais selon les nouvelles méthodes, si nous voulons pleurer, commençons par verser des larmes. Au reste, si quelque personne aspire à pleurer et qu'elle n'y parvienne pas, n'est-ce point pour elle nouveau sujet à répandre des pleurs? Ainsi, par ces voies étranges et qui sont fort à la mode, nous ne manquerons point d'instituer nous-mêmes nos propres sentiments; et puisque nous sommes aujourd'hui non point au chapitre des sanglots, mais à celui de l'allégresse, quand Horace nous dit qu'on rit à ceux qui rient, il n'est plus pour nous-mêmes que d'être ceux qui rient, pour que nous riions. Rions donc. Mais l'on voit, à vouloir énoncer cette doctrine, qu'elle est toute pleine d'obscurité, et, d'ailleurs, comme je vous le disais tout à l'heure, on ne rit plus au siècle où nous sommes.

On ne rit plus; ou plutôt, on ne rit que peu et rarement. Nous avons trop de soucis; et si nous éclatons de rire, en descendant de voiture, nous n'avons pas le temps d'achever, qu'on nous appelle au téléphone. Pour bien rire, il faut du loisir.

Mais, autrefois! . . . murmurons-nous avec mélancolie, car notre âme est tout habitée de mélancolie, — autrefois, le monde était gai! On riait sur les trottoirs; on riait dans les fiacres; on riait en carrosse, on riait en litière; on riait sous toutes les lampes. Tout le quartier se mettait sur les portes pour rire.

„Les Français, à travers toutes les formes de gouvernement et de société qu'ils traversent, continuent, dit-on, d'être les mêmes, d'offrir les mêmes traits principaux de caractère. Il y a pourtant une chose qu'ils sont de moins en moins avec le temps: ils ne sont plus gais . . ." Qui parle? C'est l'un de nous, je je pense. Non point! C'est Sainte-Beuve qui écrivait ainsi le 4 octobre 1852. On avait donc déjà cessé de rire en 1852? En octobre? Au retour des vacances?... Et, déjà, l'on devait soupirer comme nous soupirons, et dire: „Nous ne rions plus; mais autrefois . . ."

Le siècle était bon au temps de nos grands pères et gai sans doute aussi. Mais on l'a dit, et il y a fort longtemps,

Bons fut li siècles al tems ancienour . . .

C'était déjà nos fort lointains aïeux qui, de la sorte, évoquaient leurs ancêtres. N'a-t-on donc jamais ri? Et, peut-être, le rire, le bon rire, le rire heureux, est-il demeuré derrière les grilles du Paradis perdu.

— Eh! mon bon ami, parlez pour vous, s'il vous plaît, reprit Mme Baramel. Je disais seulement qu'il convenait de ne rire point à tout propos et hors de propos, comme un fol; et vous voilà bien propre à faire le fol, avec cette barbe, où l'on pensait voir seulement le signe de la raison.

— N'attaquez point ma barbe, je vous prie. Elle est blanche, certes; mais c'est à dire qu'elle est pareille à l'aubépine du printemps: elle est toute fleurie et je n'ai qu'un regret: c'est qu'elle ne soit pas assez grande pour que les petits oiseaux y puissent faire leur nid.

— Nous savions bien que vous ne parleriez jamais sérieusement . . . On ne rit plus, dites-vous. A vous entendre, on ne devrait pas avoir d'autre occupation que de rire. Mais comment voulez-vous que les personnes raisonnables rient. C'est aux enfants qu'il faut laisser cette gaîté. Elle est de leur âge.

— Elle ne serait donc plus du nôtre? Du mien, veux-je dire. Et faudra-t-il songer que le vieux père Temps fauche la joie des humains et ne laisse en leurs prés que la mauvaise herbe des mélancolies? On pourrait rêver là-dessus. Pourquoi n'écrire point un traité; on y verrait que les aiguilles des horloges tournent aujourd'hui plus rapidement qu'au temps de nos aïeux et plus vite, en tout cas, qu'aux jours de notre enfance. Nous composerions, si nous n'avions d'autres soucis, un *Chapitre des Horloges*.

Le temps s'en va, le temps s'en va, Madame ...

C'est une de ces vérités que le progrès humain n'a point su réformer; il l'a même rendue plus puissante; et notre époque, en donnant à nos voitures plus de rapidité, n'a fait qu'accélérer la marche des horloges. C'est, sans doute, l'un des plus étonnants paradoxes de notre siècle.

Songez que Boileau, quand il lui prenait envie d'aller

voir ses amis à Paris, montait en carrosse au seuil de sa maison d'Auteuil. C'était avant le déjeuner. Il mettait, je pense, une petite heure pour faire le voyage; mais il ne revenait pourtant à son logis qu'à la nuit tombante. Imaginez donc que Boileau vive encore et lui donnez un de ces carrosses appelés torpédos. Quel bonheur pour lui! s'écriera-t-on, en pensant à toutes les minutes que cet engin va lui faire gagner. Quelle erreur! Vous le verrez aussitôt, emporté par son moteur, rouler de porte en porte, dire trois mots à l'un, courir vers l'autre; rencontrer, en trente lieux, trente personnes dans la même après-midi; vivre enfin comme nous voyons aujourd'hui que l'on vit. „Je n'ai plus une minute!" Ce serait son cri. Où sont donc toutes les minutes qu'il a gagnées? Il a perdu toutes celles du loisir; et je pense que Mme de Sévigné, si elle avait été pourvue d'une limousine, toute sa correspondance ne serait qu'un recueil de cartes postales. „Beau temps. Baisers." ou: „Pluie. Tendresses."

Puisque nous vivons dans le temps et dans l'espace,

et le temps que nous accorde notre destinée étant, en quelque sorte, limité, la rapidité des véhicules ne fait que nous donner plus d'espace; je veux dire qu'elle nous permet de traverser un plus grand nombre de paysages. Mais, selon les doctrines de notre époque, il ne se faut plus arrêter sous aucun platane ni sur aucun rivage: ce serait perdre du temps; et le temps que nous perdons, c'est de l'espace que nous nous dérobons à nous-mêmes. Il faut courir. Frères, il faut courir, — et courir sans rien voir. Autant courir les yeux fermés.

Le temps s'en va; et plus nous avançons dans la vie, plus il nous semble que le temps aille vite. Comme ils étaient longs, les dix mois de classe, alors que nous avions dix ans! Comme elles étaient longues, les huit semaines des vacances! Et qu'est-ce, maintenant, que deux mois? Nous avons à peine débouclé nos valises, que nous croyons entendre le train du retour. Mais c'est, peut-être, que nous mesurons tout par rapport à nous-mêmes; un an, pour un enfant de deux ans, c'est la moitié de sa vie, et c'est interminable; un mois, si nous avons quatre-vingts ans, c'est seulement la neuf-cent-soixantième partie de notre existence; c'est quasi un éclair.

Mon jeune ami Patachou prétendait qu'en arrêtant l'horloge, on empêcherait le temps de couler, tout de même qu'il n'est que de fermer le robinet pour arrêter l'eau. Ne souriez pas; nous pouvons tous arrêter un peu notre horloge, afin de rêver à ce que nous aimons et surtout pour songer que c'est à vouloir gagner du temps que l'on est le mieux assuré d'en perdre et qu'au milieu des déserts de l'agitation, le loisir est la plus riche oasis du monde.

Et pourquoi donc ne fleurir point cette oasis de quelque gaîté? Avons-nous fait le vœu de ne jamais sourire, et fût-ce au moment que nous entreprenons de parler encore des Muses, que nous révérons pourtant?

Je ne sais point, à vrai dire, ce qu'est, en son essence, la poésie. Peut-être nous l'apprendra-t-on quelque jour. Mais je vous confierai sur ce propos que je me trouvais, l'autre matin, à la gare d'Oloron-Sainte-

Marie et devant l'un de ces instruments dont la seule présence évoque parmi nous le meilleur de Socrate; car ce philosophe aimait à penser que l'homme se doit d'abord connaître lui-même; et l'appareil dont je parle, par un aphorisme au métal gravé, enseigne la même doctrine et nous confie, en outre, que pour se connaître bien, il convient de souvent se peser.

Or, sur cette bascule, se trouvait un monsieur, — un monsieur dont l'air était extrêmement malheureux. Je ne le connaissais pas. Il était pâle et pâlissait encore; et je songeais que le moment viendrait bientôt où on le verrait transparent, c'est-à-dire qu'on ne le verrait plus. Sans cesse, il montait sur cette bascule; il en redescendait et il y remontait. Et chaque fois qu'il se pesait, son visage devenait plus blême; il faisait peine à voir.

Mû par un sentiment de pitié que vous apprécierez, encore que je n'eusse point eu l'honneur de lui avoir été présenté, je me permis de m'approcher de lui, et il me dit: „Monsieur, voyez mon infortune; je maigris. Je maigris continuellement. Je me volatilise. Je vais, sans doute, disparaître et m'abolir; et je vous prie de prendre soin de mes vêtements et de les rapporter à ma femme." Il me donna son adresse.

Il se pesa encore devant moi, et il est bien vrai que cet homme ne cessait de maigrir. A mon tour, je bondis sur la bascule et vis qu'elle marquait un poids considérable. Je me repesais: j'avais maigri. Je recommençai et nous recommençâmes; et, pendant une heure, nous ne cessâmes de nous peser, et toujours nous maigrissions; et c'était mon tour de devenir pâle et de me voir fort inquiet de ma santé, car je sentais que ma substance, à chaque seconde, s'envolait.

Mais je songeai brusquement qu'une pièce de dix centimes pèse dix grammes. Ce fut comme une lampe heureuse dans nos ténèbres.

— Il est bien vrai, souffla M. Lalouette, que chaque fois que nous nous pesons, l'aiguille incorruptible nous allège de dix mille milligrammes ou de dix millionnièmes d'une tonne, s'il vous plaît mieux.

— On le savait, me direz-vous. Eh! nous n'y pensions

guère; et si je vous ai conté cette aventure, c'est pour insinuer non point que je l'aie vraiment rencontrée aux chemins de ma vie, mais que l'on y pourrait démêler une image singulière de la poésie. Car cet homme inconnu qui, au seul avis d'une bascule, laquelle faisait seulement et honnêtement son métier de bascule et répondait sinon qu'il avait maigri, du moins qu'il ne confiait plus le même poids au plateau — cet homme sentait aussitôt que sa destinée était en jeu. Il songeait, et c'était peut-être la première fois de sa vie, qu'il avait une destinée, et qu'elle était brève et que chaque instant l'approchait de la fin. Il se sentait soudain lié à cette bascule comme, par la poésie, nous nous sentons attachés à l'univers. Car le jeu — mais est-ce un jeu? — des poètes est de nouer nos sentiments au spectacle et au mouvement du monde. L'univers est une magnifique bascule et qui n'a guère souci des uns, ni des autres, ni de nous tous, mais qui nous donne à penser, à mesure que l'aiguille tourne et que les poètes chantent, que nous vivons et qu'un jour, nous ne vivrons plus.

N'aimez-vous point cette sorte d'émotion que les poètes instituent? Vous ne vous connaissiez aucun trouble; la journée était belle et vous souriiez vaguement à l'azur, et tout à coup, deux vers savent vous émouvoir. Quand nous disons, si nous le disons encore:

Au banquet de la vie, infortuné convive,
J'apparus un jour, et je meurs,

nous songeons que, nous aussi, nous sommes assis devant la nappe de l'existence, et que ce n'est point trop désagréable, et que nous ne sommes peut-être pas des convives trop infortunés; mais nous pensons en outre au terme du festin.

Je ne veux point mourir encore;

nous le disons avec la jeune captive, et pourtant nous ne sommes pas dans les fers; et ce n'est pas seulement que nous fassions nôtres, par une sympathie désintéressée, la pitié du poète ou ce qu'on appelle ses songes; nous sommes émus parce que, sous la musique des vers, nous entendons une voix secrète qui nous parle et qui nous parle de nous et qui nous dit et nous redit que nous sommes mortels. Ce n'est point une vérité bien neuve; mais le cours de la vie se charge, à chaque heure, — et il l'en faudrait remercier — de nous la faire oublier.

— Je voudrais, reprit M. Decalandre, qu'on nous permît de laisser un moment le grand secret d'Apollon, et vous savez comme on s'égare aisément dès qu'on parvient aux portes de la poésie pure. Pourquoi ne pas entrer en certain domaine de la poésie, qui n'est peut-être pas le plus merveilleux du monde; et nous ne savons guère si l'on ne l'aura pas oublié dans cent ans. L'avenir le dira, mais nous ne serons plus là pour l'entendre; et je vous parlerais de ce petit coin, parce que je le connais et qu'il vaut toujours mieux parler des choses que l'on connaît, — et que l'on aime.

Il s'agit de quelques poètes, — je ne dis pas d'une pléiade; je ne dis pas d'une brigade, — il s'agit d'une petite troupe de poètes qui aiment, — ou qui aimaient, je change de temps pour certains — les mêmes Muses ou, du moins, les mêmes sourires et les mêmes larmes des Muses; et ces poètes étaient liés par l'amitié.
Ce sont ou c'étaient Francis Carco, qui, depuis ces temps lointains, s'est consacré plus précisément au roman, et ce n'est point à dire, certes, qu'il ait aban-

donné la poésie; Léon Vérane; Jean-Marc Bernard qui, vous le savez, fut anéanti par un obus, le 9 juillet 1915, à l'aurore, entre Souchez et le Cabaret Rouge; — Jean Pellerin, qui est mort, il y a peu de saisons, et d'une maladie que lui avait infligée la guerre.

Nous étions cinq amis, et je voudrais vous parler de leurs songes et vous montrer ainsi l'un des visages de la poésie au moment où nous sommes.

Mais une première barrière se dresse: la poésie a un fort mauvais renom; on dit qu'elle est ennuyeuse. Opinion déplorable, certes; mais dont on pourrait démêler les causes, si l'on prenait la peine d'évoquer le temps où les destins nous convièrent ou nous forcèrent à ouvrir, pour la première fois, les ouvrages des poètes.

Notre première rencontre avec la poésie, ce fut au lycée ou au collège. Le temps alors se divisait pour nous en deux parties inégales — je n'ai pas dit: en deux moitiés inégales — dont l'une était consacrée à l'étude et l'autre à la récréation; et ce n'est point en récréation qu'on nous enseignait les poètes.

Je n'ai certes que déférence et révérence et reconnaissance à l'égard de mes professeurs, qui m'ont appris ce que je sais, et c'est peu, mais c'est pour moi, beaucoup, — mais nous ne pensions pas de la sorte quand le nombre de nos années se pouvait encore exprimer par un seul chiffre; et même quand nous commencions d'être fiers d'avoir douze ans, les doctes commentaires de Virgile ou de Boileau n'étaient point faits pour nous enchanter, tandis que, par la fenêtre, nous voyions, au dessus du gravier des cours, les tilleuls tout chargés de moineaux dans la verdure des feuilles, après les vacances de Pâques. La poésie était pour nous quelque chose comme le contraire de la récréation . . . Beaucoup d'entre nous, hélas! ont conservé toute vive cette impression première et n'ont plus ouvert, depuis les bancs de l'étude, Ronsard ni Boileau — Boileau qui est si plein de raison, certes; mais qui est, en outre, si amusant!

Il est encore une autre cause qui décide bien des gens à rêver que la poésie est ennuyeuse; c'est que la plupart des poètes, un grand nombre de poètes sont grandiloquents. Je ne parle pas des poètes excellents, qui, du fait même qu'ils sont excellents, n'ont point de défauts; mais je parle d'un grand nombre de poètes dont il vous est donné de rencontrer les ouvrages au fur et à mesure qu'ils paraissent.

Un débutant, s'il pense qu'il est poète, pense en même temps qu'il est un grand poète. Cela ne fait de mal à personne et cette opinion lui est bien agréable. Mais ses conséquences sont terribles. Un homme qui croit être un grand poète, et même un très grand poète, se persuade volontiers qu'il doit user d'un langage qui puisse frapper les hommes d'étonnement et qui, sur l'heure, fasse comprendre aux peuples étonnés qu'un nouvel astre est né, encore que les astres ne parlent que peu; et aussitôt le jeune homme hausse le ton et pousse des cris étonnants.

Il existe ce que l'on pourrait appeler une poésie à cris, qui est pleine de tintamarre, qui est souvent barbare, et qui a été employée par les poètes les plus grands, mais qui savaient ce qu'ils faisaient au moment qu'ils s'en servaient. Vous me permettrez cependant de dire, si nous songeons, par exemple, à Victor Hugo, que ce n'est pas au moment où il pousse les plus grandes clameurs, — bien qu'il ne soit pas négligeable du tout à ce moment-là, — qu'il émeut le plus ni qu'il nous touche le plus profondément. C'est au contraire lorsque sa poésie est plus calme, à l'heure où elle baigne en un sentiment douloureux, mais qui tend à devenir plus proche de la sérénité, quand il éprouve et qu'il nous peint la mélancolie et les regrets d'Olympio, quand il nous parle, dans la pièce à Villequier, de l'enfant qu'il a perdue; c'est lorsqu'il est lui-même plus profondément sincère, plus profondément ému qu'il nous émeut nous-mêmes, et non pas quand il fait appel à toutes ses fanfares.

La poésie à cris, si j'ose encore parler ainsi, fait plutôt songer à ces courbes de température, que vous voyez affichées au chevet des fiévreux; et ces courbes qui sautent brusquement, qui montent, qui descendent, peuvent, certes, nous émouvoir un instant; elles ne valent pourtant pas une certaine perfection, dont nous rêvons et que nous rencontrons parfois en certains livres. Mais la perfection est chose plus celée —

on l'a dit déjà; on l'a déjà chanté; elles est en tout cas chose plus unie.

Le travail poétique, je voudrais le définir... Me permettrez-vous d'emprunter une image à une époque barbare, c'est à la nôtre que je pense — et de comparer un poème parfait à un disque de phonographe; et ne me condamnez point, de grâce, avant que j'aie pu déduire devant vous les raisons de cette figure singulière.

Si vous considérez les rainures où courra tout à l'heure l'aiguille, il semble qu'elles aient toutes et en tout point, la même profondeur, et que si vous passiez l'ongle en elles, il glisserait selon les courbes, mais sur un fond uni. C'est ainsi que les personnes qui n'ont point accoutumé de pratiquer la poésie classique, pensent qu'en une fable ou en une églogue, les vers de La Fontaine ou les vers de Virgile sont tous tout pareils entre eux et qu'il suffit d'en considérer deux pour se trouver assuré que l'on ne pourra que s'ennuyer à lire le reste de la page.

Mais si, sur ce disque, vous appliquez une aiguille

et un pavillon, — ou si, sur ces poèmes, vous appliquez votre goût et votre expérience des belles lettres, c'est alors que vous constatez que le disque chante et que la page chante et qu'en ces vers, il était mille différences qu'un œil peu exercé ne parvenait pas à distinguer et que la perfection avait pris le soin de voiler, — différences presque insensibles, car la perfection, comme la nature, ne fait point de saut, mais qui, soudain, se prennent à faire bruire, à faire monter, à faire régner les pensées et les sentiments les plus divers et qui peuvent le mieux pénétrer jusqu'au fond de nous-mêmes, grâce aux enchantements de la musique qui s'épanche des mots.

Mais les mauvais poètes fuient ce calme apparent, cette modération; ils n'ont point l'âme assez puissante; et, pour faire illusion, ils ne songent donc qu'à crier fort,sans se douter que souvent ils chantent faux.

Il est un vers célèbre de Gresset, et vous savez comment Victor Hugo se divertit à le parodier:

Le pied qu'on veut avoir gâte celui qu'on a . . .

Il est fort dangereux, en poésie, de raccourcir son pied comme de hausser sa taille. Un poète, dont la taille est moyenne, et qui veut nous donner à croire qu'il est un géant, vous le voyez continuellement occupé à sauter sur place et à sauter de plus en plus vite. Il compte, de la sorte, nous enivrer de l'illusion qu'il atteint constamment à cette hauteur où nous ne voyons parvenir son chapeau qu'au plus haut point de chaque bond. Il halète; son cœur bat trop vite; il saute encore; il ne peut plus respirer. Je me suis plu à vous peindre cette image, mais ne dites-vous pas, ainsi que je fais, quand vous considérez un de ces poètes qui embouche une trompette trop grande, — ne dites-vous point: Il manque de souffle? Et nous arrivons ainsi, je crois, à conclure par le moyen des mêmes termes.

C'est qu'il ne faut point saisir le trombone, quand on n'est fait que pour la flûte; c'est qu'il ne faut point emporter des arbres sur le dos, quand on n'a pas l'épaule assez robuste. Il faut, pour le bien faire, ne faire que ce que l'on peut faire; et, si l'on est doué d'une certaine voix, ne point tenter d'user d'une autre voix que l'on estime plus puissante ou plus belle. C'est la sagesse, — et si je me permets de le dire, c'est qu'elle est puisée dans Horace, et c'est qu'au seuil de *l'Angelus de l'Aube* à *l'Angelus du Soir*, Francis Jammes, remerciant Dieu des dons qu'il a reçus de lui, écrit cette petite phrase que je vous demande d'entendre: „J'ai parlé avec la voix que vous m'avez donnée." Ne chantons pas trop bas; ne chantons pas trop haut.

Ni trop haut, ni trop bas, c'est le souverain style.

C'est encore la sagesse; et si vous ne connaissiez ce vers, peut-être penseriez-vous: — Oui, sans doute, c'est un aimable conseil; mais il n'a pu être donné que par un poète mineur, c'est-à-dire par un poète médiocre, — car le mot *mineur*, c'est, dans la conversation, la forme polie du mot *médiocre*. C'était un pauvre poète, qui n'avait le jarret ni la poitrine assez forts pour monter jusqu'aux sommets. Il fredonnait donc au flanc fleuri de sa colline et conseillait, pour que nul n'entreprît de le dominer, que l'on n'essayât point de s'élever plus haut . . .

Mais ce vers, vous n'ignorez guère qu'il est d'un poète qui foulait la plus haute neige du pic, dès qu'il lui en prenait la fantaisie, qui montait et qui s'envolait, et qui savait lancer la foudre. C'était la maxime de Ronsard.

Mais qu'ai-je dit? Après ce vers, un autre se présente:

Ni trop haut, ni trop bas, c'est le souverain style;
Tel fut celui d'Homère et celui de Virgile.

Nous voici tout couvert de confusion. Ainsi cette doctrine, que j'approuvais, du moindre effort, comme on parle, cette paresse, cette apparente paresse, qui nous convie à fuir les trompettes trop grandes, nous conduirait donc, si on la suivait, à composer des vers à la façon des poètes les plus glorieux. Il est difficile de le croire; il est malaisé de penser que le laurier couronne cette manière de nonchalance. Mais songez que cette perfection, que loue Ronsard, est l'un des visages de la simplicité, que la simplicité est la chose la plus naturelle du monde, mais l'une de celles, sans doute, qu'il est le plus difficile de pratiquer.

Qu'ils doivent s'égaler à Homère — et c'est pour le moins un beau songe — mais les poètes en nos saisons ne feuillettent guère l'*Odyssée*, et je ne leur en fais point mon compliment, — ou qu'ils ne puissent rêver que d'une destinée moins fameuse, il convient que les joueurs de lyre, loin de se consacrer à de vaines gymnastiques et loin de tenter de bondir jusqu'au plus haut des airs, demeurent sur la terre — *ni trop haut* . . . — sur cette terre où nous sommes, où vivent et meurent nos sentiments et nos pensées. Et ne me dites point que je voudrais, de cette manière, abaisser la poésie. Abaisser, c'est un bien vilain mot... Il n'en est rien; et je voudrais seulement que l'on fît descendre la poésie, qu'elle daignât se mêler à nos joies comme à nos soucis et qu'on la vît sourire et danser parmi nous.

Supposez que la poésie soit une manière de petite étoile, — ce n'est pas une comparaison bien neuve, mais les comparaisons les plus vieilles sont à l'accoutumée les meilleures. Pour faire descendre la petite étoile, il faut lui parler d'une certaine façon, lui dire certains mots, et la petite étoile descend. Elle glisse vers nous et vient se mettre dans notre main. Vous avez vu des lampes de poche: la poésie est une étoile de poche. Cette étoile aux doigts, vous rentrez chez vous; vous revoyez votre maison; vous retrouvez votre salle à manger, votre chambre, votre escalier, votre grenier, d'où l'on entend la girouette qui tourne au vent; votre jardin, vos rosiers et l'herbe où s'endorment les escargots près du groseillier. Est-ce un monde nouveau que vous découvrez? Non point! C'est le cadre de toutes vos journées et de toutes vos nuits; c'est le lieu de vos rêveries et de vos actes les plus coutumiers; c'est ici que jouent vos enfants comme vous y avez joué vous-mêmes.

Mais toutes ces choses que vous connaissez, ou, du moins, que vous pensiez connaître, voilà qu'elles vous apparaissent tout de même que si vous ne les aviez jamais considérées. Elles vous sont certes familières, et vous ne les regardiez même point hier; aujourd'hui, vous vous penchez sur elles; elles sont comme toutes neuves. C'est le miracle de la poésie, qui n'est point de parcourir des mers ignorées ni de s'élancer aux terres inconnues, mais d'éclairer d'une lumière émouvante ou charmante les objets et les rêves qui sont les compagnons ou plutôt, et en quelque sorte, la substance de notre vie, et d'instituer un monde où nous continuons de vivre, mais dans un décor d'enchantement.

On pourrait, pour accompagner toutes les aventures de la vie, tous les instants de la journée, trouver une musique que les poètes ont déjà fait entendre. Car les lyres ont tout chanté; et ce ne serait qu'un jeu de patience et qu'un divertissement que d'établir, de la sorte, une anthologie où l'on trouverait, pour chaque minute, les vers qui la sauraient le mieux embellir en la peignant seulement.

Vous vous levez: vos volets sont ouverts. Que ne dites-vous:

Tout le plaisir des jours est en leurs matinées.

C'est l'un des plus beaux vers de Malherbe. Vous continuez ainsi, d'heure en heure; et le soir venu, si le temps est heureux et si vous avez le bonheur de dîner au jardin . . . On apporte les tasses sur la nappe; la lune apparaît; vous dites:

Et la lune se lève au moment du café.

C'est un vers de François Coppée. Il n'est peut-être pas aussi beau que celui de Malherbe. Mais c'est la fin de la journée; on songe au sommeil et c'est donc que l'on dort un peu déjà. On dit un vers de Coppée . . .

Nous étions cinq amis, vous disais-je. Nous avions vingt ans. On pensera aussitôt que nous voulions tout briser. Non point. Nous voulions chanter; nous songions plutôt à construire qu'à démolir; nous voulions faire notre musique plutôt que de rédiger des manifestes que des œuvres ne suivent pas toujours. Les tumultes rapides, mais qui ne précèdent que le silence, n'étaient pas notre fait.

Vous allez croire que nous étions des jeunes gens bien étonnants. Mais nous n'avions point été formés à l'école de Paris. Nous étions fort peu parisiens, et j'avouerai même que nous étions provinciaux. Jean Pellerin venait de Pontcharra-sur-Bréda, qui est dans l'Isère et qui est le pays même de Bayard. Jean-Marc Bernard était Dauphinois et il aimait qu'on le dît et qu'on le sût. Léon Vérane est Provençal. Carco enfin était le moins parisien de nous tous; il est né si loin qu'on ne saurait situer son lieu d'origine même aux derniers confins de la plus grande banlieue; il arrivait de Nouméa. Quant au cinquième, il n'a jamais cru que cet accent, qui est le sien, pût évoquer les bords fameux où ne paîssent plus que des fantômes de brebis.

Je ne veux pas dire du mal des provinciaux, après ce que vous venez d'entendre; et s'il m'était permis de faire une comparaison audacieuse — si audacieuse que j'ose à peine l'indiquer — je vous dirais que la poésie, on la peut tenir pour une manière d'ivresse, une sainte et docte ivresse, — mais je crois qu'on l'a déjà chanté — et que le bourgogne, le bordeaux, l'anjou, le jurançon, le chateau-neuf-des-papes sont enivrantes délices aussi, et qui viennent de province . . .

Certes, et je pense ne rien découvrir, les poètes se peuvent plaire à Paris, et il est vrai que certains y vivent; mais ce n'est point à dire qu'ils ne regrettent parfois, et souvent, la paix des petites villes et le calme des prairies. Au reste, les plus parisiens des parisiens ne sont-ils pas furieusement amis de la campagne? Et ne les voit-on pas fuir, ainsi que vers quelque Eldorado, vers un beau parc ou vers l'humble table qu'ombrage un maigre lilas?

Et s'ils vivent à Paris, pourquoi les poètes ne glisseraient-ils pas en leurs livres des aspects de Paris? On le voit bien aux ouvrages de Francis Carco; mais toujours il est hanté par le souvenir de la tranquillité provinciale dont il imagine le ciel entre les cheminées de la Ville; il songe à la paisible sous-préfecture:

Des pigeons mollement arrivés sur le vent,
Tournent dans l'azur pâle en éployant leurs ailes . . .

C'est lui qui le dit, et avez-vous remarqué comme souvent, dans ses romans, il pleut?

Je ne veux pas insinuer que la pluie soit le symbole de

la province; mais lorsque le romancier s'est assez longuement complu dans des décors artificiels — je veux dire dans les décors de la vie civilisée — il éprouve le besoin de revenir à la nature. C'est une sorte de purification qu'il désire et une manière de retour aux choses stables. C'est alors, je le crois, qu'il fait, aux vitres de la ville, apparaître la pluie. C'est, à ce seul mot, comme une entrée de la nature dans le livre. On se pourrait divertir à prétendre que ce qu'il y a de commun entre Paris et la province, c'est qu'il pleut sur l'un comme sur l'autre; mais nous dirons plus simplement qu'au seul bruit de la pluie — par terre et sur les toits — apparaissent des feuillages, de l'herbe et des rivières qui frémissent entre les coteaux. Jean Pellerin aussi a chanté Paris. Il l'évoque,

A l'heure grise où l'on commence
A crier Paris-Sport . . .

et vous vous rappelez qu'en un petit livre — en une *plaquette*, comme on parle en nos temps — dans *la Romance du Retour*, il a essayé de nous montrer Paris tel qu'on le pouvait voir à la fin de la guerre, au cours des quelques journées d'une permission de détente. C'était cette agitation, ce bruit, cette rumeur, ce fourmillement, ce tourbillon:

Trafics. Dépêches des agences
Et diligence des agents.
Mines d'or! La T.S.F. lance
Aux ondes un message urgent.
Là-bas, le prospecteur prospecte.
Ici, le noir caissier suspecte . . . .

Il sourit pour dire :

Majestueuse la nuit tombe
Ainsi qu'à la fin d'un sonnet . . .

mais c'est déjà l'heure effarante des cinémas:

Déjà la cohorte excitée
Des cow-boys gagés au ciné
Cravache, éperonne, se campe,
Et va jeter devant la lampe
L'ardeur d'un galop obstiné.

Cette agitation et ce tumulte, on a dit qu'il les admirait, et que ce poème n'était que leur louange! Il n'est que de le relire; il est tout plein d'une railleuse mélancolie; et je ne m'étonne point d'y rencontrer ces vers:

Mais le siècle est laid, l'homme ladre,
La toile est assortie au cadre,

ni, non plus, une violence qui parfois éclate et qu'on lui pardonne, certes, et qui même ne déplaît point:

Bassesse ingrate de ces âmes,
Habitudes, raisonnements,
Oui, c'est pour ces larves sans charme
Que Pellerin porta les armes
Et dormit au cantonnement.

Vers émouvants, quand on songe qu'il est mort et comment il est mort, — et qu'il est mort d'avoir porté les armes et d'avoir dormi au cantonnement, — pendant qu'ici les cinémas tournaient!
La mort, il y avait parfois pensé, mais comme en souriant, et c'était aux jours heureux d'avant la guerre:

Quand mon fil se cassera sous
Les ongles de la Parque,
Quand ma bouche aura les deux sous
Pour la dernière barque,

Où serez-vous? Dans le jardin
Où je devrai descendre?
Que serez-vous? Charme, dédain,
Douce chair ou bien cendre? . . .

Jean-Marc Bernard, à la même époque, et selon Omar Kheyyam, chantait aussi:

Ce soir encore tu te lèves,
O lune, amicale clarté:
Et, dans le jardin enchanté,
Tu viens nourrir mes tendres rêves.

Plus tard, dans ce même jardin,
O lune, que de soirs encore,
Tu chercheras, jusqu'à l'aurore,
A me revoir — hélas! en vain . . .

Et vous savez comment tous ces chants ont fini et que vainement la lune peut chercher au jardin de la nuit un Jean-Marc disparu; et je ne voudrais pas vous parler de lui sans vous redire l'un de ses poèmes qui est l'un des plus beaux, sinon le plus beau qui soit né de la guerre et qu'il composait, dans la tranchée, quelque jour à peine avant qu'un obus l'emportât pour toujours. *De profundis*, c'est le titre qu'il avait voulu lui donner.

Du plus profond de la tranchée,
Nous élevons les mains vers vous,
Seigneur! ayez pitié de nous
Et de notre âme desséchée!

Car plus encor que notre chair,
Notre âme est lasse et sans courage.
Sur nous s'est abattu l'orage
Des eaux, de la flamme et du fer.

Vous nous voyez couverts de boue,
Déchirés, hâves et rendus . . .
Mais nos cœurs, les avez-vous vus?
Et faut-il, mon Dieu, qu'on l'avoue?

Nous sommes si privés d'espoir,
La paix est toujours si lointaine,
Que parfois nous savons à peine
Où se trouve notre devoir.

Éclairez-nous dans ce marasme,
Réconfortez-nous, et chassez
L'angoisse des cœurs harassés;
Ah! rendez-nous l'enthousiasme!

Mais aux Morts, qui tous ont été
Couchés dans la glaise et le sable,
Donnez le repos ineffable,
Seigneur! ils l'ont bien mérité.

Abandonnons ces terribles images, s'il est vrai que l'on puisse jamais, et fût-ce un instant, les oublier tout à fait. Je vous parlais de Paris ou, plutôt, je vous parlais de la province.

Ce n'est point une légende: la province est plus sage et plus calme que Paris. Elle a l'air de dormir, mais elle ne dort pas. Elle juge, mais elle juge lentement. Elle juge si lentement que les auteurs qu'elle soumet à son tribunal sont parfois morts à l'instant qu'elle rend son arrêt. Elle parvient au point d'avoir une opinion éclairée de certains livres, à l'heure où personne ne les veut plus ouvrir. Elles est, peut-être, un peu en retard. Qui l'en pourrait blâmer, si elle a su admettre tous les classiques, si elle ne cesse point de les pratiquer? La retraite de ses chefs d'escadron, comme le loisir de ses magistrats, commente Ovide et traduit Horace. Elle est toute fleurie d'expérience et tout embaumée du fruit de l'expérience, qui est la sagesse. C'est chez elle que l'on sent le mieux la vanité de toutes choses. On y devient résigné, mais on y sourit, si l'on n'y rit; et, si l'on y sait le néant de tout, on y goûte le prix de cette science. C'est là, dans un heureux décor, en un coin de Provence, que Léon Vérane a pu composer ces vers qu'il dédiait à Maurice Allem:

Vers quelque lointaine Colchide,
J'aurais pu, moderne Jason,
M'embarquer d'une âme impavide
Pour aller ravir la toison;

Et, désormais, ivre de gloire,
Me voir acclamé dans Paris,
Dans tous les cinémas notoires
Comme le gagnant du Grand Prix.

J'aurais pu . . Mais dans mon village
J'ai préféré vivre ignoré,
Me réservant la part du sage:
Les flots verts, les sillons dorés.

Les livres de quelques poètes,
Une pipe, un flacon poudreux
M'ont suffi pour changer en fête
D'humbles jours sous de calmes cieux,

Et pour voir, sans deuil ni tristesse,
Décroître au détour du chemin
Le fantôme de ma jeunesse
Avec des roses dans la main.

Certes, cette modération peut mieux éclore en province; mais vous me direz que la province ne suffit pas à l'instituer; et nous sommes d'accord, car il n'y aurait que des sages en province. Elle en compte beaucoup; toute la province pourtant n'est pas seulement peuplée de sages.

Mais il était, au fond de nous, un goût, qui, en ce monde, n'est guère plus apprécié; un goût que l'époque où nous sommes voudrait bien abolir; un goût qui semble aussi vain à un certain nombre de nos nouveaux écrivains, comme à une partie du public, qu'une rêverie sur des cimetières désaffectés. Faut-il le dire? Nous avions le goût des belles lettres. Nous l'avons encore. Nous ne rougissons certes point de ce goût, mais que si peu de nos contemporains le partagent. C'est un amour que l'on ne pardonne plus maintenant; ce penchant est tenu pour ennemi;

et, si l'on n'a point encore levé les armes, on le combat du moins, le porte-plume à la main, et l'on convie les ignorants à exprimer leur opinion sur la richesse des humanités. Mais quoi! on met, en nos temps, une sorte d'orgueil à proclamer que l'on est illettré!

L'orage naissait avant la guerre. Il n'était pas encore aussi noir, et nous pouvions nous divertir aux marges des beaux livres. Jean Pellerin écrivait, en riant, une série de stances sur une vieille mythologie. Jean-Marc Bernard éditait Villon, et rêvait de répandre les vers du poète. Il vivait parmi les auteurs grecs et latins; et n'écrivait-il pas dans une lettre qu'a publiée M. Charles Le Goffic, dans *le Figaro:* „Je m'amuse, pour l'instant, à traduire, imiter et adapter en vers français des poèmes d'Horace, Catulle et Anacréon."

Imiter . . . Horreur! Ainsi crieront certains qui n'imitent personne et qu'on imitera, en n'imitant pas leurs vains ouvrages. C'est ici qu'il faudrait dire quelques mots des bienfaits de la traduction et de ses joies. On n'apprend à faire une table que chez un ébéniste; on n'apprend à faire un poème que chez les poètes. Bienfaits, disais-je, de la traduction ... Mon imitation n'est pas un esclavage ... Mais je crois que Mgr. l'Evêque de Soissons avait déjà entendu ces paroles. Si vous rencontrez, dans Lucrèce ou dans Virgile, une belle pensée, une belle musique, un sentiment qui vous touche, pourquoi n'essayer point de les transposer, de leur donner une autre vie en ce langage qui est le nôtre? Je me rappelle un quatrain de Francis Carco:

Une chanson
Plaît au poète
Qui la répète
A sa façon.

N'oubliez point: à sa façon, — et c'est, pour une part, la joie de ceux qui, pour leur volupté, entreprennent de traduire.

Mais quelques jeunes gens de notre temps vont pousser de grands cris. Je crois les entendre. Il leur faut du nouveau, n'en fût-il plus au monde? Ils seraient tout près d'y renoncer, s'ils savaient qu'on l'a déjà dit. Mais leur bibliothèque a l'aspect d'un désert; et il se faudrait accorder sur le sens que La Fontaine donnait à ce mot de *nouveau*. Baudelaire ne parlait plus la même langue. Du nouveau! Toujours du nouveau! On n'en trouve jamais et c'est pourquoi, sans doute, ils en demandent toujours; et, par le malheureux espace, ils secouent leurs branches, toutes couvertes de feuilles, et même de feuilles imprimées, mais dont on attend encore, et vainement, qu'elles portent des fruits.

N'y avait-il pourtant jamais chez nous quelque rébellion et n'entreprenions-nous pas quelquefois de battre nos nourrices latines ou grecques? Vous allez entendre comme. C'est Léon Vérane qui s'écrie:

Va, jette les auteurs latins,
Voire les grecs par la croisée . . .

Eh! eh! Voilà qui est assez vif. Mais entendez la suite:

Tel le Faune napolitain
Danse tout nu dans la rosée.

Et préludant à ces travaux
Que Cypris enseigne et commande,
Couronne-toi d'épis nouveaux,
Aussi de primes fleurs d'amande . . .

Mais dis-toi que tôt vient le temps
Où Flore le cède à Pomone
Et que le soleil des vingt ans
N'a brillé deux fois pour personne.

Le voyez-vous, ce rebelle! Il veut jeter l'antiquité par la fenêtre et c'est pour chanter aussitôt le Faune, Cypris, Flore et Pomone. Ah! comme nous l'aimons. Littérature, direz-vous. Non certes! Et j'entends bien qu'il ne se faut point écarter de la vie pour chérir seulement les livres; mais il faut aimer les poètes; et les poètes eux-mêmes doivent les aimer doublement, comme on aime ses maîtres et ses compagnons. Que leurs noms, de la sorte, fleurissent nos vers; qu'ils n'en soient point un factice ornement, mais qu'on voie en eux tout l'amour que nous avons pour les Muses et pour ceux qui les ont servies. C'est à Vincent Muselli que Léon Vérane disait un jour:

Evoquons ces rimeurs fantasques
Qui n'eurent point place au banquet:
Disons Sigognes sous le casque,
Et, sous la bure, Colletet;

Saint-Amant à bord d'un navire
Rimant au branle du canon,
Théophile accordant la Lyre
Sur la paille de la prison;

Racan forçant le pas de Suze,
Tristan chargeant le huguenot,
Schelandre portant l'harquebuze,
Et, la brette au poing, Cyrano.

Et si la gloire, pour ces drilles,
Vint tardive et d'un pas boiteux,
Levons un verre où le vin brille,
Mon Vincent, à ces fiers aïeux.

Ce goût des belles-lettres nous conduisait, en nos heures de loisir et pour notre divertissement, à composer des pastiches. C'est ainsi que Jean-Marc Bernard fit éclore un poème de Mallarmé. Vous plaît-il de l'entendre encore? Le voici:

SILENCE

Funèbre cette nuit présage maints désastres
Inscrits au ciel en la noire absence des astres
Pour le poète seul agonisant ici,
Silence! et que retient ton stérile souci;

Car pour l'éternité le voici tributaire
Du Verbe que malgré son cœur, il a dû taire.
Aussi bien si d'un mot vierge ensemble et subtil
Quelque jour, ignoré hélas! te rompait-il,
Pur tu t'exhalerais parmi le soir insigne
Et pareil à la mort sur l'étang d'aucun cygne.

Et vous n'ignorez guère qu'après lecture de cette page, M. Jean Royère, l'un des plus savants exégètes de Mallarmé, répondait à Jean Marc: „Ces vers ne figurent pas sur les éditions complètes du poète (S. Mallarmé) et je ne les ai lus nulle part; ils sont certainement inédits." Ce ne fut point le seul exploit de notre petit groupe et l'on n'aurait garde d'oublier que dans les *Vers de Circonstance* de Stéphane Mallarmé, un quatrain se trouve doctement recueilli, que je vous supplie d'entendre: *Sur un recueil de Ronsard, relié en maroquin rouge. A une voyageuse, dédicace de l'auteur.*

Quand au dining-car dîne Alice
Qu'elle penche son front têtu
Sur ce petit livre vêtu
Tout de rouge cardinalice.

Le quatrain est de Jean Pellerin. Il vaut bien, sans doute:

Venu de mon parc
Ce message vise
Auguste Neymarck
Dix Cité Trévise,

et autres fariboles, et le

Quelqu'un par vous charmé,
Stéphane Mallarmé,

à quoi nous ne cesserons de préférer:

Quelqu'un par vous ému,
Stéphane Mallarmu.

Je ne veux, en vous rappelant ces artifices et ces méprises, faire aucune épigramme contre les personnes qui ont ainsi donné à penser qu'elles distinguaient mal Jean-Marc Bernard ou Jean Pellerin de Stéphane Mallarmé; je veux dire seulement que ces pastiches devaient être fort bien faits, et qu'ils le sont en effet; et je ne veux pas davantage manquer de déférence envers le poète du Cygne, que l'on a cru pouvoir élever fort haut en nos saisons; mais il me sera permis de déclarer qu'il me paraît assez difficile de comparer Stéphane Mallarmé à un poète comme Ronsard, par exemple, ou comme Villon, et qu'il me semble malaisé de soutenir qu'il puisse être jamais pris pour un poète nourrissant, si je puis dire; et j'appelle poète nourrissant, le poète où l'on se peut nourrir, comme j'appelle Amphytrion, l'Amphytrion où l'on dîne; et je ne crois point m'égarer, car si vous avez une heure de loisir et si la bienveillance des dieux veut que vous soyez en votre bibliothèque, il vous peut arriver de saisir un Ronsard, un Malherbe, un Corneille, un Chénier. Ce sont toujours trésors inépuisés, fontaines qui chantent toujours. Mais prendrez-vous les poésies de Mallarmé? Ne songez point à la mode! . . . Alors que vous l'avez déjà lu, lorsque vous êtes seul, lisez-vous Mallarmé?

C'est un poète — et qui le nie? — qui a posé des problèmes de technique et qui les a parfois résolus. C'est une sorte de professeur, qui a laissé des cahiers d'exemples. C'est, pour les poètes, un professeur; un professeur de poésie, peut-être; mais surtout un professeur de technique poétique. Les poètes le révèrent, le public l'ignore; mais il a formé des poètes; et c'est par l'intermédiaire de leurs ouvrages qu'il se glisse jusqu'au public et que le public se prend à l'admirer, sans l'avoir lu.

— Sans l'avoir lu, dit Mme Baramel. La belle affaire! J'ai mille pensées en l'esprit, je vous assure, mais je n'y attache guère une telle importance. Elles m'attristent ou m'égayent, mais je n'ai point dans la tête cette furieuse manie, qu'ont tous vos poètes, de vouloir communiquer à autrui toutes les rêveries qui leur traversent l'âme. Si je mange une bonne pêche, sera-t-elle meilleure parce que vous verrez que je la mange? Les poètes ne peuvent-ils donc se divertir avec leurs rêves, sans avoir la prétention de nous les faire partager? Ce n'est chez eux qu'un sot orgueil. Trouvent-ils un beau vers, ou du moins, un vers qui leur semble beau, il faut qu'ils l'aillent chanter à toutes les oreilles; et s'ils aiment Lesbie, Laure ou quelque autre péronnelle, ils ne peuvent plus vivre s'ils ne confient leur amour aux imprimeurs. Quelle indécence!

Fi! . . . Je ne voudrais point qu'un poète m'aimât; il ouvrirait mon cœur dans toutes les gazettes.

— Il ne découvrirait, peut-être, que le sien! Et ne voyez-vous pas, Madame, reprit M. Decalandre, que par le discours où vous vous amusez . . .

— Je ne m'amuse point!

— . . . vous posez encore le problème de la poésie, qui est plus grave, sans doute, que vous ne pensez.

— Vous avez entendu parler, Madame, du problème de l'âme et du corps, antique problème, vénérable problème, et toujours neuf et angoissant, qui agite l'esprit et le cœur des hommes, depuis qu'il y a des hommes...

— ... et qui pensent. On devine toujours la fin de vos phrases.

— Le corps doit finir et s'évanouir; l'âme éternellement veut vivre ...

— Et que vient faire la poésie, là-dedans?

— Je ne sais; nous le démêlerons, peut-être, tout à l'heure. Il faut rêver un peu autour des choses et ne tenter point de prendre la poésie par les cornes. La peinture — puisque aussi bien tous les arts sont des langues différentes, mais qui expriment la même réalité, — la peinture ne pourrait-elle, en ces matières, nous apporter quelque clarté?

Vous plaît-il que, par la pensée, nous considérions un tableau, non point un de ceux où triomphent, par exemple, de magnifiques nudités et, non plus, une de ces toiles où s'écroulent des palais fumants parmi les flammes, tandis que des guerriers chevelus égorgent les vieillards sur leur seuil. Non. Je songe seulement à un pauvre tableau où seraient peintes quatre pommes et deux noix. Une phrase me revient aussitôt à la mémoire; elle est de Pascal et vous la connaissez: „Quelle vanité que la peinture, qui attire l'admiration par la ressemblance des choses dont on n'admire pas les originaux."

Et il est bien vrai que quatre pommes et deux noix, que nous n'admirons guère sur une nappe, peuvent aux traductions d'un pinceau, se muer en un chef-d'œuvre. Nous admirons leur image. Et pourquoi donc? C'est que, dans un tableau, nous considérons moins les objets reproduits que la *manière* dont ils sont représentés. En doutez-vous? Et la qualité essentielle du peintre est-elle de reproduire les objets avec exactitude? Si vous le croyiez, il vous faudrait préférer à Rembrandt et à Corot, toute la corporation, fort respectable, par ailleurs, des photographes. Mais cette *manière*, dont je vous parlais, qu'est-ce à tout prendre que la marque personnelle de l'artiste, ce qu'il ajoute aux choses, son rêve enfin? C'est son secret, son âme, c'est lui-même; et de telle sorte qu'il ne serait pas malaisé de soutenir et de démontrer qu'un tableau, quel qu'il fût, et nous offrît-il la figure d'un cheval ou d'un moulin à café, est toujours un portrait, et le portrait du peintre à qui nous le devons, puisque, par le jeu des lignes et des couleurs, l'artiste a fait transparaître les formes et les teintes de ses pensées et de ses sentiments les mieux cachés et les mystères qui sont le fond même de sa vie.

C'est pour de telles raisons, sans doute, que nous aimons la peinture et pour les mêmes raisons que nous aimons la poésie, parce qu'elles sont pour nous le moyen de pénétrer dans notre âme, en pénétrant dans d'autres âmes qui s'offrent et qui nous permettent d'explorer voluptueusement leurs labyrinthes les plus obscurs.

Or, songez que l'un avec sa peinture, si elle est belle, l'autre avec son poème, s'il est beau, et l'architecte avec sa cathédrale et le musicien avec sa symphonie et tous ceux enfin qui travaillent à quelqu'une de ces œuvres que vous tenez pour un jeu et qu'on croit à l'ordinaire désintéressées, tous ceux-là s'efforcent de sauver du néant leurs rêves, c'est-à-dire eux-mêmes. Songe ambitieux, direz-vous; mais il ne faut point toujours condamner l'orgueil; c'est le meilleur et, peut-être, le plus puissant de tous les leviers et, sur le pont des Arts, si je puis dire, le plus précieux des garde-fous. Qui se méprise est bien près de ne plus demeurer digne de soi ni des Muses . . . Il ne sied point, sans doute, d'exagérer cette thèse: on ne pourrait plus vivre . . . Mais il faut, dans l'orgueil des poètes, ne voir que la marque du respect qui est dû aux choses de l'art — et ce sont choses sérieuses.

Eh! quoi, soutiendrez-vous que la poésie est passe-temps, babiole et vain divertissement?

Vous voyez, autour de vous, des poètes tout donnés aux Muses. Dédaignant la commune ambition et peu soucieux d'acquérir, comme tant d'autres hommes, des charges considérables dans l'État, ils subsistent, souvent, par le moyen de besognes modestes, mais qui leur laissent quelque sérénité, quelque loisir; et ces auteurs, dont les œuvres vous contraignent de

louer la raison et la grâce parfois subtile, ne seraient à vos yeux que les aimables joueurs d'un bridge lyrique? Et vous perdriez votre temps à considérer la vanité charmante de leurs ouvrages? . . .
Non! Ne sentez-vous pas qu'il y aurait je ne sais quelle injustice dans votre opinion et qu'il y a je ne sais quelle pensée plus profonde, quelle pensée plus grave, aussi bien chez les poètes que chez les personnes qui se nourrissent de leurs ouvrages?
En lisant les livres d'un poète, à votre sensibilité, vous avez lié la sienne; sa pensée, vous l'avez greffée à la vôtre. L'aspect du monde a varié.

Là, tout n'est qu'ordre et beauté;
Luxe, calme et volupté;

une seconde nature est née pour votre esprit. Vous n'êtes plus le même être. Vous êtes un arbre dont, soudain, la sève est plus abondante et plus riche; vous avez de nouvelles branches, de nouvelles feuilles, de nouveaux fruits, et des oiseaux ignorés s'éveillent, gazouillent et chantent.

Si la vie est de se développer, de grandir, de s'enrichir, comme pour opposer plus d'ardeur, plus de puissance au vide qui l'entoure, au vide qui nous entoure et nous menace sur cette boule qui tourne dans l'azur, n'avez-vous point obéi à la poussée secrète et profonde qui anime le monde; et la pratique des œuvres de l'art, est-elle je ne sais quelle dépravation, quel élégant divertissement éloigné de la nature et de la vie?

Et du poète, la sensibilité, la pensée, sauvées du désastre par la puissance de l'art, se prennent à subsister, à croître, à se transformer, à vivre, enfin, dans d'autres hommes. C'est une rivière qui fait tourner tous les moulins de l'esprit. L'artiste est partout où sont ses œuvres, partout où vont ceux qui ont compris ses ouvrages, partout où il est des hommes en qui se puisse répandre, à travers les espaces et les temps, l'influence de ceux qui se nourrirent de lui: Virgile palpite dans Lamartine, dans ce notaire qui, à Rouen, rédige des actes obscurs et dans ce conseiller à la Cour, qui pêche le goujon, aux flots de la Garonne; et si Verlaine n'avait point écrit, vos rêveries sur la tendresse et la destinée auraient-elles la nuance charmante et grave qui vous enchante?

Jouissance de survivre à soi-même, de ne point mourir tout entier, comme disait l'autre, et qui n'a point péri, c'est le loyer du poète; et Chénier, pour prendre un exemple, est vivant et d'une vie singulièrement plus profonde et plus active que celle de ce laboureur, qui vit, en effet, à l'instant que je parle et qui accouple ses bœufs en quelque vallon de Gascogne.

Ainsi, durant qu'il frappe la lyre, le poète respire avec passion, avec une sorte de frénésie, l'odeur des couronnes lointaines et le parfum des matinées qui ne finiront pas. Il voit en rêve, en beau rêve, son œuvre pareille à un grand vaisseau qui glisse aux flots des saisons, qui traverse l'océan des siècles, et qui laisse enfin s'épancher aux territoires de l'avenir sa magnifique cargaison: honneur, bonheur, volupté des races futures!

Franchir le temps, vaincre la durée, ne point mourir, quelque nom qu'on se plaise à lui donner, c'est le but véritable du poète.

Il ne faut point dire: c'est un homme qui conte ses amours, qui peint ses plaisirs, qui publie sa tristesse ou sa joie, et dont le langage présente je ne sais quelle forme singulière et savante, — non point que tout cela ne soit vrai; mais il convient d'aller à l'essentiel et de dire: c'est un homme en rébellion contre le règne du temps, contre la brièveté de la vie, — et la gloire n'est pas autre chose que cette rébellion — si elle triomphe.

Voilà la source du lyrisme, et il n'est pas une stance qui, tout compte fait, et fût-elle allègre et radieuse, ne jaillisse de l'angoisse de la mort. Un immortel, pourquoi écrirait-il des vers? . . .

Ah! qui viendrait ici parler d'un jeu? Les poètes — comme tous les autres hommes — sont jetés à la mer, dans ce tourbillon de la vie qui n'est, en quelque sorte, que le prélude de la mort; mais, plus profondément, ils sentent qu'ils finiront par se noyer

Ils luttent; ils veulent que ce qui est leur pensée, que ce qui est en eux-mêmes, que ce qui est eux-mêmes ne soit pas perdu à jamais. Ah! le plaisant jeu, en vérité; et voyant un homme qui se débat dans l'océan, en danger de mourir, pensez-vous qu'il joue?

Mais ne voilà-t-il pas de bien sombres images, alors que les figures de la poésie sont à l'accoutumée tout harmonie, grâce et flamme dansante? Ne fallait-il pas, pourtant, aller sous les apparences et plus bas que le feuillage, si l'on voulait découvrir les racines du vieil arbre toujours renaissant, toujours chargé de nids et toujours chantant sous l'azur?

Quand je suis loin de ces feuillages béarnais, l'hiver, entre deux toits lointains, au ciel gris de Paris, j'aperçois, à mon réveil, la tour Eiffel. C'est une heure où l'on voit encore assez mal en soi et hors de soi; la tour semble être un obélisque et volontiers, je pense que ma journée commence en quelque pays de féerie, que les Pyramides sont à la Muette, le Sphinx aux Batignolles et que le Nil coule doucement sous le pont de la Concorde.

N'auriez-vous point voulu respirer en cette Egypte fabuleuse, parmi ces hommes qui, ne vivant que pour l'éternité, ne construisaient que des temples et des tombeaux? Leurs temples survivent à leurs dieux mêmes, et nous rêvons encore sur le mystère des momies. Certains prétendent, dont j'ai oublié le nom, qu'au temps de Thoutmès III, un scribe qui savait démêler le futur et lire aux littératures de l'avenir, écrivait, un beau soir:

Tout passe. La momie
Seule a l'éternité,
Et sa forme endormie
Survit à la cité.

Ce scribe, dites-vous, a tout l'air d'un plagiaire; mais comment l'accuserions-nous pourtant d'avoir feuilleté *Émaux et Camées*, si nous songeons aux rigueurs de la chronologie? On ne télégraphie pas dans le passé, dit Einstein; et nous ajouterons qu'on ne plagie pas les poètes futurs . . .

On peut certes railler ce souci qu'avaient les Egyptiens, de se donner, dès leur mort, un corps immortel et d'en instituer des images. C'est bien de l'honneur pour une guenille, comme parlait l'autre. Mais ces vieilles gens pensaient, vous ne l'ignorez point, qu'aussi longtemps que leur corps ne serait pas détruit, ni les sculptures et peintures qui le figuraient, elles ne seraient point tout à fait mortes; et je vous demande si nous ne faisons pas tout de même que ces peuples de jadis, je l'entends au figuré, et si notre pensée n'est pas attachée au même soin.

Les hommes que nous voyons vivre autour de nous ne s'occupent-ils pas de laisser quelque image qui puisse durer plus qu'eux-mêmes? Ils muent leur pensée en pierres, en briques, en métal, et construisent des palais ou des usines dont les portes s'ouvriront encore alors qu'ils seront morts. Il est de ces hommes qu'anime le seul souci de ne jamais mourir. Ils passent le temps que leur laisse une existence avare de loisir à discerner leurs pensées et leurs sentiments, leurs rêves, leurs espoirs et leur mélancolie; ils méditent sans cesse, et de tout ce qui est leur trésor intérieur ils font vendange. Le vin de ces grappes spirituelles, ils le mettent en des flacons, en des livres, s'il vous plaît mieux, afin que lorsqu'ils ne seront plus, on puisse encore déboucher le flacon, ouvrir le livre. Ils n'ont qu'une pensée qui est de durer. C'est la pensée de tous les hommes, car le propre d'un mortel, c'est de regretter de n'être point immortel.

On nous a toujours enseigné que l'art est un jeu, que la poésie naît de la contemplation sereine de l'univers, qu'elle est la voix de l'homme qui, en des heures fortunées, se croit à l'abri des forces de la nature et qui noue les paysages à son âme, en un chant désintéressé. Désintéressé? Qu'on nous permette de sourire. Les poètes, comme les peintres et comme tous ceux qui vivent pour quelque art, ne songent qu'à préserver du néant ce qu'ils jugent le plus précieux au plus profond d'eux-mêmes. La poésie est seulement l'un des visages de ce que l'on appelait autrefois l'instinct de conservation. Il n'est pas besoin de rêver de l'Egypte. Les poètes sont égyptiens, mais c'est de leur vivant qu'ils embaument leur propre momie. Et croyez-vous, Madame, que l'amour soit un sentiment négligeable. Il est, me diriez-vous, si vous osiez répondre, le premier de tous et le plus puissant, et l'on ne doute guère que Vénus ne nous mène tous par le bout du cœur. Pourquoi donc les poètes ne chanteraient-ils pas leurs tendresses et faut-il s'étonner de trouver en leurs vers les noms de Laure ou de Lesbie? Leur livre à la main, ils s'élancent tous vers l'éternité. Combien sont-ils qui partent en souriant d'espoir! Et combien sont-ils qui tombent au premier fossé! Mais, tant qu'ils sont parmi nous, ne tentez point de toucher à un seul de leurs vers. Ils pousseraient des cris de paon. Changer l'une de leurs syllabes ou lier des mots qu'ils ont déjà liés, et comme ils les ont liés, c'est leur fausser la clé du paradis.

Demandez à Derème qui nous écoute et qui, je ne sais pourquoi, prend des notes dans la marge de son journal, s'il n'aurait rien à dire en cette affaire. Il se taît. Je vous lirai donc les vers que de lui reçut Francis Jammes, au moment où ce poète que nous admirons et que nous aimons, venait de publier l'un de ses recueils de poèmes, celui que nous relisions hier et qui s'appelle *Ma France Poétique.*

Epître à Francis Jammes
sur un vers.

Francis Jammes, berger vêtu de rude laine
Qui tirez des accords d'une flûte de buis
Et qui faites cabrer aux margelles des puits
Les boucs de la colline et les bœufs de la plaine,
A vous qui, maniant et la lyre et le luth,
M'avez premier montré l'aube et la poésie
Et les dieux souriant devant leur ambroisie,
A vous père, chasseur et poète, salut!
Au pied de l'Ursuya que ne puis-je me rendre!
Mais ce chant vous daignez l'entendre
D'une oreille bénigne et tendre.

Je me souviens du temps où, ma barbe au futur,
A Tarbes, la caserne avait un triste mur,
Mais couronné, l'été, de feuillage et d'azur.
Au bureau du major, pensif et secrétaire,
Comment, dans cet asile, eussé-je pu me taire?
Les registres dormaient dans l'ombre et je chantais
LES ROSES DONT L'AROME EMBAUME LES ÉTÉS.

Ainsi, je charmais ma trirème
Essuyant ma plume au tricot,
Et je composais Le Poème
De la Pipe et de l'Escargot.

Aujourd'hui que déjà ma tempe n'est plus noire,
Que les nuits ont mué mon ébène en ivoire,
S'il convient d'imiter Léonard *et* Parny,
Aujourd'hui que le temps de danser est fini,
Je chanterais sur des guitares monotones
LES ROSES DONT L'AROME EMBAUME LES AUTOMNES.
Les roses . . . *Ce vieux vers encore, je l'aimais,*
Car il me rappelait des juillets enflammés
Et parfumés — sont-ils rêve et cendre à jamais? —
Où, pour que mes jours fussent ivres,
Il ne fallait qu'oiseaux, soleil, songes et livres.
Depuis . . . Clymène est belle et sourit à mes vœux.
D'une mèche de ses cheveux
J'ai noué mes destins, et lui fais ma musique . . .

Bref, hier, je lisais la France Poétique.
Vous savez que je lis vos vers,
Que je les lis et les murmure
Et que par eux je vois gonfler la treille mûre,
Et des geais bleus dans la ramure,

Encor que nous soyons au milieu des hivers.
Hélas! ma joie était cette grange prospère
Qui soudain fume et tombe sous l'éclair,
Car ne chantez-vous point au poème du Père:
LA ROSE DONT L'AROME EMBAUME LE PLUS L'AIR?
Jammes, si les races futures
Ont souci des littératures
Et si les vers sont encor lus,
Vous serez, glorieux, couronné de feuillage,
A la ville comme au village,
Par les enfants du nouvel âge;
Mais de Tristan Derème on ne parlera plus,
Sinon pour indiquer dans un aigre sourire
Qu'il eût mieux fait cent fois de ne jamais écrire
Et qu'il doit brûler aux enfers
Pour avoir détourné l'un de vos meilleurs vers.

Jammes, ni vous, ni moi, nous ne sommes prophètes,
Mais les choses sont ainsi faites.
Où vous serez lion, Tristan sera souris,
Et pour mon pauvre vers on n'aura que mépris.
Il était bon, pourtant, puisque aussi bien les Muses
En ont quasi gonflé vos belles cornemuses.
Peut-être, grâce à vous, le verra-t-on fleurir

Et refleurir dans les loisirs de l'avenir.
Ainsi, mes quatre mots on les pourrait relire,
Et merci, dans ces temps qui m'auront oublié:
Ils seraient un murmure inconnu, mais lié
Comme un bleuet à votre lyre.

— *Il était bon, pourtant*... dit Mme Baramel. Ah! ces poètes sont tous les mêmes. Voyons, Monsieur Derème, quand on parle d'un vers que l'on a fait, peut-on oser le louer de la sorte?... Et que répondit Francis Jammes?

— Il répondit :

Ma Muse longue et belle et sœur des Récamiers,
Tristan, quand s'accrocha ton bluet à sa lyre,
A tiré des éclairs de son casque d'empire,
S'est tue, et j'ai compris combien vous vous aimiez.

— Ah! nous n'étions guère romantiques, reprit M. Decalandre en songeant à sa jeunesse.

— Et vous aviez tort. Le romantisme est encore bien vivant et je m'en réjouis.

— *Romantisme pas mort* . . .

— Que d'esprit!

— Et qu'est-ce que le romantisme? On en disserte tant qu'on ne le sait plus guère.

Cette belle stance:

Je viens à vous, Seigneur, père auquel il faut croire;
Je vous porte, apaisé,
Les morceaux de ce cœur tout plein de votre gloire
Que vous avez brisé,

est-elle une stance romantique? On ne le voit point. Elle est pourtant aux *Chants du Crépuscule;* et si, lisant encore Hugo, comme lui nous pesons, à genoux sur la pierre:

Ce qu'un Napoléon peut laisser de poussière
Dans le creux de la main,

sommes-nous romantiques? Et Juvénal était-il un poète de 1830, lui qui écrivait tout de même sur le propos d'Annibal: *Expende Hannibalem* . . .

Je penserais volontiers que les grands poètes romantiques — Hugo, Lamartine, Musset, Vigny, — s'ils ont été grands poètes, ce n'est point du tout à cause du romantisme qui était en eux, mais bien au contraire que le plus beau de leur génie éclate aux pages où ils affirment une fois de plus les traditions de la pensée, du sentiment et du langage français. Comment saurait-on démêler la trace la plus humble d'une technique nouvelle et d'un esprit nouveau dans ces vers célèbres:

Toutes les passions s'éloignent avec l'âge,
L'une emportant son masque et l'autre son couteau?

Boileau eût trouvé ces vers excellents et nous faisons comme eût fait, sans doute, Boileau.

On dira que je choisis mes exemples, mais il n'est que de relire ces poètes pour juger que je ne m'écarte point des bonnes routes. Et n'ai-je point quelque sujet de penser que les beaux vers romantiques ressemblent si étrangement aux beaux vers classiques qu'on en vient sans peine à conclure qu'il n'y a qu'une manière en notre pays de composer les vers? Je suis bien fâché pour les romantiques, et bien heureux aussi comme ils l'étaient, sans doute, mais leurs poèmes, quand nous les admirons, c'est pour les mêmes raisons qui nous font louer aussi bien Racine que Ronsard.

Restent les vanités, tout ce qui était caduc aux palais romantiques; tout ce qui était le plus brillant, peut-être, et qui était aussi le moins durable. Que de minarets, de tartanes, de sultanes, de sorciers, de gnomes et de pendus! Mais nous avons connu, en des temps moins éloignés, une invasion de guivres et de princesses diaphanes. Les guivres, de plus en plus sombres, se sont confondues à la nuit. Les princesses diaphanes sont devenues transparentes; on ne les voit plus.

Entendez bien que ces tartanes et ces sultanes du romantisme n'étaient que les accessoires agréables d'un symbolisme et qu'elles évoquaient l'idée de cette fuite, de ce départ vers *des ailleurs*, comme on parle, — et comme on chante, à l'ordinaire, quand on est mal satisfait des jours, comme des nuits, que les destins allouent à la race des hommes. Fuir, en rêve, vers l'Orient ou vers le moyen-âge, c'est toujours fuir. Ces poètes, que n'avaient-ils de vraies ailes?

Oh! sur des ailes, dans les nues,
Laissez-moi fuir! laissez-moi fuir!

s'écrie Hugo. — Des ailes! s'écrie Gautier:

Des ailes! des ailes! des ailes!
Comme dans le chant de Ruckert . . .

Ce ne sont point cris de sages, si le sage du moins se sait accommoder des caprices du sort. Mais les romantiques ont accoutumé de penser qu'ils vivent en prison. Ils aspirent à la liberté. Que dis-je! chacun d'eux voudrait qu'on le vît maître du monde. Frénésie d'ailleurs qui, à des degrés divers et sous des formes différentes, couve au fond du cœur de tous les mortels; et le romantisme, précisément, c'est le règne du cœur ou, pour mieux dire, le rêve que le cœur puisse être souverain. N'est-ce point l'exposer aux plus sombres des catastrophes, et n'est-ce point un délire, si le monde est comme il est, de penser que nous puissions si bien l'emplir qu'il prenne enfin la figure de nos songes? „Ma troisième maxime était de tâcher toujours plutôt à me vaincre que la fortune et à changer mes désirs que l'ordre du monde . . ." C'est la grande voix classique qui parle ainsi; c'est Descartes, et n'entendez-vous pas La Fontaine:

La plus belle victoire est de vaincre son cœur?

La poésie, c'est une balance en équilibre: le cœur dans un plateau, dans l'autre la raison. Le romantisme voulut avoir triple cœur, comme l'autre avait triples muscles . . . Qu'en demeure-t-il? Les pages, les seules pages, et elles sont belles, qui eussent su plaire aux amateurs de Racine, comme elles nous plaisent à nous-mêmes.

Est-ce à dire que le règne du cœur soit achevé, que sa royauté romantique soit abolie? Non certes; et, dès que l'intelligence est moins puissante que le cœur, le romantisme renaît. Quant à sa plus belle strophe, si elle est vraiment belle, elle n'est pas romantique; et s'il vous plaisait d'entendre la musique du romantisme, je vous dirais peut-être ces vers d'Alphonse Esquiros:

Dans un monde encor vierge, aux champs d'Océanie
Je voudrais promener ma fortune bannie;
Moi je suis fils des eaux, de l'orage et des vents;
Je voudrais habitant d'une cité flottante,
Vivre au milieu d'un fleuve et déployer ma tente
Sur les joncs et les flots mouvants.

Les joues charmantes de Mme Baramel avaient soudain pris la couleur qu'on voit aux cerises les mieux empourprées.

—Vous injuriez le romantisme! s'écria-t-elle.

— Le romantisme! dit M. Théodore Decalandre. Je sens que nous allons nous prendre aux cheveux, si nous continuons d'en discuter ainsi. Il le faudrait d'abord définir, et on ne le peut guère plus. Imaginez un petit sac, mais un petit sac magique et qui se puisse gonfler au point de contenir tous les objets qui sont au monde: c'est le romantisme. On a fourré dans ce sac toutes les passions, toutes les idées, tous les sentiments, toutes les injures, toutes les indignations, toutes les tendresses. Allez donc maintenant définir son contenu!

— Pardon, dit Mme Baramel. Êtes-vous pour le romantisme? Êtes-vous contre le romantisme?

— Je ne l'aime pas.

— Ah! ah! Hugo est donc un imbécile? . . .

— Point du tout, Madame; c'est, à mon sens, un grand poète.

— Alors, je ne vous entends plus.

— C'est bien ce que j'avais prévu. Pourquoi voulez-vous, comme cela et tout à trac, fourrer Hugo dans le sac romantique?

— Mais parce que Victor Hugo est le plus grand des poètes romantiques.

— Eh! de cela personne ne doute, Madame.

— Vous moquez-vous de nous?

— Je n'ai jamais été si grave. Mais encore une fois lorsque je dis ce vers d'Olympio:

Les retraites d'amour au fond des bois perdues . . .

est-ce que je dis un vers romantique? Je dis un beau vers, tout simplement.

— Je vous vois venir. Vous soutiendrez bientôt

qu'aux pages où il est beau, Victor Hugo est un grand poète, et qu'il est romantique en ses mauvais endroits. C'est un jeu assez facile . . .

— . . . et qui pourrait n'être pas qu'un jeu. Mais je n'y songe guère. Je voulais seulement dire tout à l'heure que je ne suis point si sot que de n'admirer point — mais non pas jusqu'en toutes leurs verrues — un Hugo, un Lamartine, un Vigny . . .

— . . . un Musset.

— Vous faites bien de le nommer. Et que voilà donc des romantiques divers! Et ne vous ai-je point montré naguère — ou jadis, déjà — qu'il est des vers de Lamartine, de Musset, de Vigny, de Hugo, qui eussent pu jaillir de la lyre de Malherbe, et réciproquement, comme parlent les géomètres? Vous me donnerez donc licence de soutenir que c'est user d'une méthode tendancieuse que de m'opposer des poètes que j'admire, quand j'entends parler du romantisme.

— O paradoxe! s'écria M. Lalouette. Qui veut disserter du romantisme littéraire doit donc faire abstraction des chefs-d'œuvre littéraires du romantisme! . . .

— Vous ne vous égarez pas, mon cher ami, encore que vous pensiez donner dans l'extravagant; car si le romantisme est une manière de poison de la pensée, il n'est pas défendu de songer et de constater qu'il a pu avoir une action moins puissante et moins pernicieuse dans les fortes têtes que sur les faibles cervelles. Le tout est de savoir si vous me demandez mon opinion sur le romantisme, sur l'état d'âme appelé romantique, ou sur les ouvrages de quatre ou cinq grands poètes, qui ont noirci leurs feuillets dans les tempêtes du romantisme et qui ont fait des vers, dont les meilleurs sont pareils aux arbres beaux et bons, plantés, au long de la route que suit en chantant et rêvant la vieille et toujours jeune tradition française. Où pourrions-nous mieux voir les effets du romantisme, et par conséquent tenter de le définir, que chez les poètes du second ordre, précisément parce qu'ils n'ont pas été assez robustes pour neutraliser le poison et qu'ils titubent en le suant par tous les pores? Singulière époque — ce n'est point de la nôtre que je parle; on pourrait aisément s'y tromper — singulière époque, celle qui porte sur ses flacons l'étiquette de 1830.

— J'en suis toute transportée! s'écria Mme Baramel. Ces sorcières, ces spectres, ces châteaux en ruine, ces pendus, que sais-je encore? . . . Comme tout cela secoue violemment les nerfs!

— Que j'aime à voir la décadence
De ces vieux châteaux ruinés . . .

récita M. Decalandre.

Là se nichent en mille trous
Les couleuvres et les hiboux.

L'orfraie, avec ses cris funèbres,
Mortels augures des destins,
Fait rire et danser les lutins
Dans ces lieux remplis de ténèbres.
Sous un chevron de bois maudit
Y branle le squelette horrible
D'un pauvre amant qui se pendit . . .

Le plancher du lieu le plus haut
Est tombé jusque dans la cave,
Que la limace et le crapaud
Souillent de venin et de bave . . .

— Ah! je n'en puis plus! soupira Mme Baramel. L'on pâme. Avouez que ces vers sont délicieusement horribles. C'est la nourriture des âmes fortes. Ces romantiques . . .

— Mais, Madame, je vous dis des vers de Saint-Amant, du bon gros Saint-Amant, de celui-là même qui a chanté le melon. Et j'aime mieux son melon que sa limace; mais je crois bien que vous avez avalé sa couleuvre . . . Ah! Madame, il ne faut point juger une école littéraire sur ses signes extérieurs, comme on estimait autrefois les contribuables, ou bien il faut à loisir examiner ces signes et démêler pour quelle raison les poètes se sont plu à leur demander d'interpréter leurs rêveries . . . L'extérieur! C'est, hélas! pour une grande partie du public la seule chose qui soit intéressante; et à suivre cette pente nous en viendrions, par ailleurs, à penser que la bataille du romantisme contre le classicisme, ce ne fut que le combat des maigres chevelus contre les chauves gras, et rasés. Rappelez-vous Gautier:

Terreur du bourgeois glabre et chauve,
Une chevelure à tous crins
De roi franc ou de lion fauve
Roule en torrents jusqu'à ses reins.

Tel, romantique opiniâtre,
Soldat de l'art qui lutte encor,
Il se ruait vers le théâtre
Quand d'Hernani sonnait le cor.

Et Petrus Borel :

Aux regards méticuleux
Des bourgeois à menton glabre
Devons-nous sembler follet . . .

Et Musset:

Classiques bien rasés, à la face vermeille,
Romantiques barbus, aux visages blêmis!

— Vous faites de la critique de barbier, dit fort aigrement Mme Baramel.

— Ah! Madame, vous ne savez point ce qu'un romantique peut faire avec des cheveux! Entendez cette fin de Sérénade et comme chante notre héros sous le balcon nocturne où soupire sa belle:

Ote tes fleurs, défais ton peigne,
Penche sur moi tes cheveux longs,
Torrent de jais dont le flot baigne
Ta jambe ronde et tes talons.

Aidé par cette échelle étrange
Légèrement je gravirai,
Et jusqu'au ciel, sans être un ange,
Dans les parfums je monterai.

M. Sylvain Labrette se prit à improviser:

Je suis de petite taille
Mais vers vous il faut que j'aille,
Qui soupirez au carreau.
Belle, belle, toute belle,
Vos cheveux sont une échelle,
Chaque épingle est un barreau.

On le fit taire.

— Je pense, reprit M. Decalandre, que ce souci d'avoir la tête chevelue n'est que pour rappeler au peuple que l'on est un terrible homme aux campagnes de Vénus. Je ne vous redirai pas l'aventure de Samson; mais il n'est pas mauvais, sans doute, d'affirmer que l'on est pourvu d'une crinière de lion, lorsqu'on se prépare à rugir dans le débris des lois humaines. Car notez bien que les romantiques ont un furieux goût de tout dévorer. C'est frénésie de jeunes gens, qui, à dix-huit ans, pensent conquérir le monde, enlever les princesses et nourrir, de leurs rivaux meurtris, les crocodiles innocents du Jardin des Plantes.

— Ce sont nobles emportements du cœur, dit Mme Baramel.

— Nous y voilà bien. Le cœur . . . Connaissez-vous cette phrase? „Je savais . . . que la lecture de tous les bons livres est comme une conversation avec les plus honnêtes gens des siècles passés, qui en ont été les auteurs, et même une conversation étudiée, en laquelle ils ne nous découvrent que les meilleures de leurs pensées . . ." Entendez maintenant ceci, qui traite du même objet: „L'homme qui a dévoué ses jours au culte des Muses sent le cercle de sa vie physique se resserrer autour de lui, en même temps que la sphère de son existence intellectuelle s'agrandit. Un petit nombre d'êtres chers occupent les tendresses de son cœur, tandis que tous les poètes, morts et contemporains, étrangers et compatriotes, s'emparent des affections de son âme. La nature lui avait donné une famille, la poésie lui en a créé une seconde. Ses sympathies que si peu d'êtres éveillent auprès de lui, s'en vont chercher à travers le tourbillon des relations sociales, au delà du temps, au delà des espaces, quelques hommes qu'il comprend, et dont il se sent digne d'être compris..."

Avez-vous remarqué le ton différent de ces deux fragments? L'un des auteurs ne parle que de s'instruire, le plus sagement du monde, auprès des vieux livres; l'autre, en cet exercice, voit surtout une évasion, — cela deviendra: *fuir*, *là-bas fuir*, ou bien encore: *emporte-moi*, *wagon* . . . — l'un prête sa raison à l'étude; l'autre, ivre de rencontrer des égaux, lance son cœur; l'un est Descartes, l'autre Victor Hugo.

— Eh bien! dit Mme Baramel, il ne me déplaît pas qu'on lance son cœur.

— Mais faut-il donc que le cœur emporte tout et mène tout?

— Et pourquoi non?

—Parce qu'un homme trébuche, qui prend son cœur pour lanterne. Il n'est que de regarder autour de soi. Nous l'avons mille fois vu, et non seulement l'expérience nous le montre, mais il ne faut pas être grand clerc pour en démêler les raisons.

Ce que nous appelons le cœur, cette terrible poussée du sentiment, ne peut ni ne veut connaître de limites; sa qualité propre, c'est d'aspirer à un bonheur infini. Tout ce qui la gêne lui paraît mauvais. Elle ne tarde pas à trouver que le monde est mal fait. Elle ne pense plus qu'à s'évader vers des pays dont les décors sont pour elle quasi fabuleux — vers des Espagnes de féerie, vers des Italies de songe, et vers des Cyclades de rêve — ou encore vers les siècles étranges d'un moyen âge dont l'appareil funèbre est comme le châtiment de la vie. Ne sommes-nous point au décor romantique? Ce cœur, il veut être souverain. Il veut être libre.

— Libre! dit M. Sylvain Labrette. C'est, en effet, la clé — la clé des songes romantiques, si je le puis dire. „La liberté dans l'art, la liberté dans la société, disait Victor Hugo, voilà le double but auquel doivent tendre d'un même pas tous les esprits conséquents et logiques."

— Tout le problème est de savoir si le but de l'art n'est pas d'être beau, plutôt que d'être libre, et s'il ne cesse pas, précisément, d'être beau à mesure qu'il se libère. Ne le comparez pas à un forçat qui enlèverait les chaînes de ses mains et de ses pieds, mais plutôt à un homme qui tous les matins s'arracherait un os afin que sa chair ne fût plus esclave des lois rigides du squelette. Ah! le bel affaissement. Nous avons un peu vu cela, en nos saisons; et vous remarquerez que Victor Hugo, dont vous rappelez la maxime, a si peu osé oublier les vieilles règles qu'il n'a jamais pu faire un alexandrin qui ne se coupât en deux hémistiches et qu'il n'a jamais lié à la rime un pluriel avec un singulier. Admirable révolutionnaire! Mais il était trop poète pour abandonner les vieilles déesses toujours jeunes.

— Si je vous entends bien, dit Mme Baramel, votre condammation du romantisme n'est que la condamnation du cœur . . .

— Vous n'y êtes point du tout. Il n'y a pas de poésie qui ne jaillisse du cœur. Mais est-ce à dire que le cœur doive être roi? C'est là qu'est le problème. Je ne vous relirai pas mon apologue de *la Bride et du Cheval* et je voudrais pourtant écrire encore: On dit: le romantisme, c'est un cheval violent; le classicisme, c'est une bride; et l'on conclut: j'aime mieux le cheval que la bride. C'est charmant. Mais la poésie, c'est, à la fois, le cheval et la bride, et non point le cheval sans la bride, ni la bride sans le cheval.

Quel est, dès lors, l'écrivain qui représente le mieux le romantisme? C'est un inconnu. C'est celui qui s'est le mieux laissé emporter par son cœur, par son cheval. Celui-là ne pouvait écrire un chef-d'œuvre, puisque c'était de tous le moins doué de raison. Il avait perdu sa bride; et sa monture n'est jamais revenue à l'écurie. Nul ne sait plus le nom du cavalier.

Il a des successeurs. Il en aura toujours. Les antiques passions, que vous vous plaisez, Madame, à nommer romantiques, elles sont de tous les temps; et il n'est que de leur laisser, pendant une heure, la bride sur le cou pour que nous devenions romantiques. C'est si agréable d'être libre un instant, d'être libre pour toujours! Mais ce n'est qu'illusion — et le propre de la poésie n'est pas de chanter des fantômes, mais de chanter ce qui est; et si le cœur de l'homme est parfois peuplé de chimères, on les peut bien chanter aussi, mais non sans indiquer, aux détours du poème, que les rêves ne sont que des rêves . . . Car les poètes qui, parmi les hommes, sont les plus fous, doivent être aussi les plus sages.

Mme Baramel n'était point du tout convaincue par cette harangue. Elle but un grand verre d'orangeade.

— Je vais, dit M. Decalandre, vous dire une fable que j'ai composée l'autre soir:

L'HOMME, LA MOUCHE ET LES DEUX PUCES.

Par des vœux importuns, nous fatiguons les dieux,
Comme par des remords trop vastes pour nos fautes;
L'Olympe est un séjour enviable et ses hôtes
A toute heure vers nous ne tournent pas les yeux.
Nous avons beau crier, leurs demeures sont hautes.
Hercule, s'il lui plaît, nous sauve du danger

Et Jupiter lance la foudre;
Il mettrait d'un seul coup toute la Grèce en poudre,
Mais il ne faut le déranger
Sans bonne cause. On vit requête mal reçue;
C'était celle d'un sot dont l'aventure est sue;
Pour tuer une puce, il voulait obliger
Ces dieux à lui prêter leur foudre et leur massue.
Or un autre était prompt à se scandaliser
Jusque là qu'il s'en vint l'autre jour accuser
D'avoir pris une puce en faisant sa prière
Et de l'avoir tuée avec trop de colère.
Une puce! . . . On pourrait avoir d'autres remords!
Jupiter en rira lorsque nous serons morts;
Sur tels soucis, il vaudrait mieux se taire.
Un troisième malgré son mauvais caractère,
Je le préfère; cœurs lui furent indulgents:
Il n'aurait pas marché sur une mouche à terre.
Mais s'il l'avait trouvée à dîner dans son verre
Il aurait assommé quatre ou cinq de ses gens.
Pourtant le sage aux fols doit-il être sévère?
Mouche et puce, ce sont médiocres objets;
Mais en monstres, par nous, ils se trouvent changés,
Et tel croit voir trembler la nue
S'il éternue.

— Eh! dit fort aigrement Mme Baramel, est-ce encore à quelque mouche ou à une puce que vous entendez comparer le romantisme?

— Non point, et j'ai voulu rappeler que les plus petites choses, dès qu'elles nous intéressent, deviennent fort grandes pour nous; et j'ai voulu montrer aussi qu'on ne distingue point toujours, au premier regard les vers de Musset de ceux de La Fontaine et de ceux de Molière. Il en est de ces trois auteurs dans mon ouvrage fugitif, mais je tiens pour assuré que vous les avez reconnus au passage . . .

Un air plus frais soufflait sous les troènes, et le cœur et l'esprit de Mme Baramel goûtaient enfin un peu de calme.

— J'ai mon cahier d'autographes, dit-elle. Avez-vous oublié votre promesse d'inscrire quelques mots sur l'une de ses pages?

— Non certes, répondit M. Decalandre, et j'y ai rêvé hier soir.

M. Lalouette voulut bien lui prêter son stylographe et notre vieil ami, plus sérieux qu'un écolier qui fait son devoir, se mit à écrire:

„Mon Dieu! que j'ai le cœur morose, et j'ai vidé mon encrier, sans trouver la page de prose que vous me demandez pour orner ce cahier. La prose, hélas! est chose difficile, lorsque les vers ne sont qu'un divertissement: il n'est que de songer à quelque vieux tourment, ou qu'un prochain bonheur nous va donner asile, pour que naisse l'enchantement.

„Le poète en son cœur trempe son porte-plume. (L'image n'est pas bonne et pourtant c'est ainsi!) Mais de la prose! . . . Autant peiner sur une enclume. C'est se donner trop de souci. Le prosateur qui forge des idées, souffrez que je l'admire et ne l'imite point. (On l'a dit). Je n'ai pas un si terrible poing; et j'attends d'Apollon des images scandées, des nymphes tout à coup qui dansent au secret du rivage ou de la forêt, des musiques soudain qui passent par ma plume et qui chantent sur le papier, et sans prendre jamais la peine d'épier si, pour mes fers, le feu s'éteint ou se rallume. „C'est un métier de paresseux que le métier de poésie; mais ne le dites point à ceux qui raviraient notre ambroisie; il n'en est guère plus aux flancs de nos deux monts — du Double Mont plutôt, — on sait que c'est Parnasse. C'est là que dans la paix et l'ombre nous dormons, en fredonnant encore avec le vent qui passe. Et voyez comme sans effort nous sommes quelquefois disciples de Paul Fort; et pour l'être, il suffit de n'aller à la ligne quand les syllabes nous font signe." Puis il signa: *Théodore Decalandre* et, en guise de paraphe, dessina un bel escargot.

— Vous vous êtes mis fort en peine, dit Mme Baramel, et je vous remercie de ces vers qui se cachent si mal; mais si je vous avais demandé quelques mots et de simple prose, c'était pour ne vous infliger point une torture. Je plains les malheureux poètes, quand je pense à toutes leurs entraves.

— Leurs entraves? Faut-il donc toujours que vous voyiez des cordes quand vous songez à la poésie et que vous ne rencontriez jamais en esprit que des Muses enchaînées?

Certains poètes ont entrepris de les libérer, pour parler comme vous et pour parler comme eux, et je me souviens d'un poème fort indulgent de Guy-Charles Cros. Il chantait:

Raoul Ponchon, Tristan Derème,
le plaisant bruit que font ces noms!
Je pense à des vers d'eux que j'aime,
Aiment-ils les miens? Ah! mais non!

— Et pourquoi donc?

— Attendez. Et voici le second quatrain:

C'est que mes affreuses licences,
mes singuliers, mes pluriels,
m'ont exclu de leur chœur qui danse,
mis à la porte de leur ciel . . .

Voilà donc le problème bien posé . . . Faire rimer le pluriel avec le singulier, comme on parle, quelle belle victoire! A quoi servirait-elle? Et je voudrais bien que l'on me permît de répondre au poète en une brève épître. Je lui dirais:

Mais si, mon cher Guy-Charles Cros,
J'aime vos vers et ce n'est trop
De les beaucoup aimer, quand je songe au poète
Que les Muses bercent et fêtent,
A ce poète que vous êtes!
Les pluriels aux singuliers
Qui vous défend de les lier
Et fais-je ici quelque autre chose,
Lorsque voulant planter mon chou
En ce jardin j'entre après vous
Par des portes qui n'étaient closes?
Mais tant de mots ainsi que vous apprivoisez,
Avouez qu'il est plus aisé
De les faire danser à votre cornemuse.
Vous doublez les chances du jeu,
Vous doublez les sommets neigeux
Où l'on puisse prendre les Muses.
Pourtant n'attendez pas que je rime un traité:

Le traité du Poète en proie aux Libertés,
Au cours des vers que j'improvise;
Sujet vaste, et qui veut qu'on s'enferme un instant,
Et davantage, alors que l'azur du printemps
Rougit les premières cerises.
N'est-ce temps de cueillir le feuillage nouveau,
De négliger la rime en gardant la cadence,
Et d'aller aux vallons, mon cher Guy-Charles Cros,
Pour louer vos Muses qui dansent?

— Taratata! dit Mme Baramel. Il faut toujours, mon pauvre ami, qu'on vous ramène à la question; et quand je parlais, tout à l'heure, des entraves de la poésie, je pensais que les prosateurs sont mille fois plus enviables, qui dansent et chantent ou, du moins, écrivent en toute liberté.

— Que dites-vous, Madame? Une page de prose, n'est-ce pas la tâche la plus pénible du monde et ne savez-vous pas qu'il est plus facile de pêcher, et comme en se jouant, deux cents vers dans l'encrier? Il me semble — ô douleur! — que vous ne me croyez point; et je veux donc vous révéler l'un des mystères de la poésie. Il ne vous a certes pas échappé qu'au beau langage qui est celui de notre pays, un poème ne saurait en aucune manière être formé d'un seul vers: et c'est pour la bonne raison que les vers ont accoutumé de rimer, sur nos rivages, et qu'une rime ne peut éclore que par le moyen de deux mots, dont chacun se rencontre à l'extrémité d'un vers. Il faut donc composer au moins deux vers, pour peu que l'on prétende à signer un poème, et un poème fort court, le plus court que l'on ait licence d'imaginer.

Et cependant que j'évoque la rime et ses jeux, j'entends encore le ramage de certains de nos esthéticiens qui, répandant plus de bruit que de sagesse, soutiennent volontiers que la rime est la chose la plus sotte et la plus vaine qui se puisse rencontrer et que ses règles ne sont que chaînes nouées et cadenassées aux jambes comme aux bras du poète qui voudrait bondir au libre azur. Laissez dire ces critiques, et mieux vaut, d'ailleurs, comme l'on parle au Béarn, où nous sommes, les entendre que d'être sourd. Mais je voudrais, avec vous, aujourd'hui, voir, en la rime, le trésor le plus précieux, le bien le plus utile — je l'entends au poète, et, partant, à son lecteur — et la déesse, enfin, la plus secourable qu'il nous soit donné de rencontrer aux pentes dangereuses du Parnasse.

N'avez-vous jamais songé que le mortel infortuné qui entreprend d'écrire en prose doit d'abord trouver des idées et les conduire ensuite par les prairies, les ravins, les landes, les carrefours, à la manière de ces chèvres que nous rencontrons parfois aux rues de Paris, entre les autobus, les tramways, les taxis et les autres véhicules automus — chèvres mélancoliques, et qui, dans le vacarme où nos jours s'assourdissent, nous font rêver au calme ensoleillé des serpolets et de la menthe, sur les rives de la province natale? Le pauvre berger siffle ses bêtes, qui montent aux trottoirs ou s'enfuient aux rues voisines: c'est le prosateur. Mais le poète qu'a-t-il à faire d'un chien ni d'une houlette? La première chèvre de son troupeau apparaît, je ne sais comme, et bondit autour de lui, ou, nonchalante, se couche à ses pieds; et, par un miracle que vous aimerez, cette première chèvre aussitôt en met au monde une seconde. Vous en verrez naître une troisième et mille autres. Quant au berger, il contemple ce troupeau merveilleux qui se presse autour de lui ou qui s'avance; et il n'a que fort peu de peine à le mener, si vous songez que c'est précisément le troupeau qui le mène ou qui le fait, en s'arrêtant, demeurer immobile.

La première chèvre, c'est le premier vers. D'où vient-il? Il faudrait, pour le dire, écrire un fort gros livre, et encore ne le dirait-on, peut-être, point; mais ne manquez pas de considérer que du premier vers va naître le deuxième, et pour cette seule et magnifique raison que le mot qui termine le premier vers vous donne déjà, ou, du moins, vous indique le mot que l'on verra luire au terme du second, lequel mot engendrera ce second vers, tout de même qu'un grain de blé que vous mettez en terre se développe au point d'être enfin, et tout à la fois, racines, tige, feuilles, épi. Que si vous dites, pas hasard:

Un jour, sur ses longs pieds, allait je ne sais où . . .

il faut bien, si vous n'avez aucun motif particulier de

nous entretenir du *Pérou*, d'un *acajou*, d'un *caillou* ni d'aucun autre objet qui sonne en *ou* — et, le jour, le *hibou*, le secourable hibou, est couché — il faut bien, dis-je, que vous vous décidiez à nous parler d'un *cou*. C'est le héron qui va je ne sais où; ce n'est point vous; et l'on sait très bien où vous allez et où vous êtes conduite par la main ou, plutôt, par l'oreille; et, de la façon la plus naturelle du monde, vous écrivez:

Le héron au long bec emmanché d'un long cou,

en bénissant le ciel qu'il n'ait pas un court cou, qui serait disgrâce infinie pour l'harmonie.

Mais vous voilà perdue. Le *je ne sais où* a épuisé son charme; et vous êtes, pour un instant, redevenue prosateur. Il vous faut, vous-même, vous seule, vous, dis-je, et c'est assez, et ce n'est point trop, sans doute, et sans que personne vous secoure, il vous faut trouver une idée; et, si vous êtes bien disposée, vous n'abandonnez pas votre oiseau et vous dites:

Il côtoyait une rivière.

Et si vous avez encore l'esprit éveillé; si vous vous

sentez bouillonner ainsi qu'un prosateur, loin de vous appuyer tout de suite sur le bruit de cette rivière, vous saisissez au vol une autre idée et l'on vous entend qui murmurez :

L'onde était transparente ainsi qu'aux plus beaux jours . . .

Mais là, vous êtes épuisée; vous n'en pouvez plus; vous demandez grâce. Or, c'est justement l'instant du repos. Cette *rivière* et ces *beaux jours* vont travailler pour vous. Ils appellent, sans que vous ayez à crier, une petite troupe de mots; on voit danser autour de l'encrier *carrefours*, *fours*, *labours*, *coutumière*, *commère*, *compère*, *père*, *prospère*, *topinambours*, *tours*, *vautours*, *détours*, *soupière* . . . Ne vous étonnez pas; c'est une féerie; et vous voyez danser les amours, la lumière et l'écolière et les tambours. Vous, vous êtes assise en votre fauteuil; vous souriez au ballet; vous n'avez, comme on dit, que l'embarras du choix, et si vous êtes douée de quelque disposition particulière, vous prenez sous le bras les *tours* et le *compère* et vous écrivez simplement:

Ma commère la Carpe y faisait mille tours,
Avec le Brochet son compère.

Avouez que c'est une façon de peindre les choses; elle est du moins agréable à notre nonchalance, et il n'est peut-être point si aisé, partant de ce seul vers:

Un jour, sur ses longs pieds, allait je ne sais où . . .

d'en arriver, sans rompre l'enchantement, jusqu'au point de nous confier que le héron fut

. . . tout heureux et tout aise
De rencontrer un limaçon.

La Fontaine a de ces mystères . . . Mais vous reconnaîtrez sans doute, et non sans quelque sourire qui ne me déplaira point, que si l'on peut honnêtement tenter de trouver une idée — mais seulement tous les deux vers — ce serait travail digne d'Hercule que d'essayer d'en rencontrer une à chaque ligne et quasi à chaque demi-ligne. Et c'est le sort de ceux qui n'usent point de rimes . . .
J'en ai l'esprit tout effrayé; et vous me pardonnerez, je l'espère, si je n'ose entreprendre d'écrire aujourd'hui pour vous une page de prose. Il y faudrait quelque Bossuet!

— Je pense, dit Mme Baramel, qu'à l'instant de mourir, vous vous moquerez encore des personnes qui auront l'indulgence de vous écouter.

— Je ne ris point toujours, reprit M. Decalandre. Mais le temps où les destins nous ont donné de vivre nous irrite et nous désole assez souvent, pour que nous nous accordions cette revanche qu'est un sourire.
— Vous allez dire encore du mal de notre siècle.
— Soutiendrez-vous donc qu'il a su offrir, à ceux qui aiment les livres des poètes, quelque vérité qui fût pareille à un astre nouveau? Il est tant de gens qui l'affirment, et gravement, et quelquefois de bonne foi, qu'on pourrait incliner à le croire. Mais y a-t-il des révolutions en poésie? Certes. Mais sont-elles profondes et touchent-elles à l'essentiel? Voilà où serait le problème; et il faut avouer que nous avons bien des illusions là-dessus et que nous pensons que notre siècle — parce qu'il est le nôtre — doit être fertile en miracles . . .
Hélas! nous voici en un temps singulier où les poètes ne peuvent, en la vie coutumière, lever aile ni patte, sans se heurter à quelqu'une des manifestations de ce qu'on appelle le progrès scientifique.
Qu'ils dorment en des palais ou dans les flancs obs-

curs d'un misérable hôtel, le téléphone retentit, les radiateurs vibrent. Des autobus, pareils à des mammouths mécaniques, les emportent vers des besognes, joignant les tonnerres de leur essence qui éclate au bruit des taxis, aux appels des tramways électriques. Ce n'est partout que métal, images de forge et souvenirs d'industrie. Baissez les yeux, — non point ici, où l'herbe est épaisse et verte, mais dans la rue, — baissez les yeux: vous foulez des rails; levez la tête: des câbles se tendent de pylône en pylône; entre les nuages, ronflent des avions; et, loin sous vos pieds, Proserpine a fui l'empire souterrain où roulent, aujourd'hui, des métros triomphants.

Et voilà l'atmosphère qui s'offre aux poètes de ce temps! Beaux ombrages, calme et fraîcheur propices aux rêveries, belles déesses, nymphes nues, qu'êtes-vous devenus?

Mais les poètes se gardent d'être dupes. Certes, ils n'ont point manqué de saisir, ils ont saisi tout le pittoresque, tout le bariolage de cette agitation, ce bruit de moteurs, de trompes, de sirènes, de clacksons, cette profusion de couleurs violentes et rapides, ces autos noires, rouges, vertes, jaunes, qui glissent et vibrent sur le pavé verni, sur le parquet de Paris. Mêlés par la force des destins à toute cette frénésie, ils ont compris tout ce qu'un artiste pouvait extraire de la puissance étonnante de ce décor, toute la volupté mouvante et presque douloureuse, tout l'énervement, toute la fièvre, toute l'excitation et aussi toute la langueur qu'il apporte au cours de nos sentiments et de nos pensées. Toutes choses singulières, certes, et qui nous remuent, et dont le pouvoir de suggestion ne saurait échapper à quiconque a coutume de manier les rythmes et de faire danser les images.

Mais ils n'ont eu garde de faire de l'accessoire le principal, ni de prendre le moyen pour la cause et ce qui frappe d'abord les sens pour ce qui est essentiel. Ainsi, ne tombons pas au délire de je ne sais quelle poésie d'autobus, ni d'adorer le télégraphe parce que c'est lui, parfois, qui nous transmet les pensées de l'amour, et ne portons pas aux pieds de l'électricité, si je puis dire, ou de la science, les fleurs que nous aimions à répandre devant les larmes et les sourires de la tendresse — qui est éternelle.

Il ne s'agit point, en effet, d'avoir ce qu'on se plaît à nommer un sens moderne de la vie, mais d'avoir le sens de la vie, ce qui est tout autre chose; et c'est-à-dire qu'il ne se faut point laisser emporter dans ses courants, ni s'égarer et tournoyer comme ivre à ses remous, mais qu'il en faut juger toutes les forces superficielles et profondes d'un point de vue plus stable et plus haut. Car notre époque est pareille à une orange, à un citron, s'il vous plaît mieux, ou encore à une mandarine; je veux dire que ce qui nous frappe d'abord en elle, ce que nous voyons avant tout, c'est son écorce. Or, il ne s'agit pas de chanter l'épiderme, mais la chair profonde et la vie qui ne meurt point; il ne s'agit pas de peindre ce qui passe, mais ce qui demeure; et si l'artiste accorde aux choses d'une heure, d'une saison, d'une époque, une place dans son œuvre, ce n'est que pour situer sa pensée, s'il lui plaît, et pour indiquer le décor de cette âme troublée qui se désespère à la pensée de la mort promise et prochaine.

Car c'est là qu'est tout le drame; c'est là qu'est toute la poésie. La vie moderne! . . . Décor, vain décor et pas autre chose . . . Mais trop d'hommes, trop de poètes ont été comme enivrés par ce décor. C'est une vieille histoire. Les gens jugent, disait en souriant le sage Franc-Nohain,

Les gens jugent de notre temps
Les escargots sur la coquille,
Non sur ce qu'il
Y a dedans.

Pourtant, notre époque, que nous apporte-t-elle non pas de nouveau, mais d'un peu profondément nouveau et qui nous permette de songer à corriger une page du vieil Homère? Et comment, si elle a tout rénové, une odelette de Ronsard, une poésie de Musset, sont-elles encore comme composées d'hier, comme écrites de ce matin et pleines de nouveauté? Car notre époque s'imagine — et c'est charmant, — qu'elle a fait de grandes découvertes. Il se peut. Mais ce n'est pas l'invention de l'automobile ou de l'avion — je ne parle point du métro — qui peut avoir la moindre influence sur les sentiments et les pensées qui alimentent un poète. L'âme humaine est toujours la même, celle qui rêvait au bord du Tibre latin et celle qui se dorlote en nos sleepings errants et luxueux. Pensez-vous que l'usage des taxis eût donné une autre perfection à Malherbe? Pyrrhus ne serait-il pas toujours Pyrrhus, même s'il était mis en possession de téléphoner à Andromaque? Chargé de fers, lui fait dire Racine, — et transposons:

Chargé de fers . . . Allo . . . *de regrets consumé,*
Brûlé de plus de feux que je n'en allumai,
Ne coupez pas! . . . *Mes pleurs, tant d'ardeurs inquiètes* . . .
Allo! . . . *Fus-je jamais si cruel que vous l'êtes?* . . .

Enfin prenons, en quelque manière, Pascal à témoin. Mais, donnant un autre visage à sa Cléopâtre, ne craignons pas de déclarer: Si Pierre Corneille eût été pourvu d'une automobile, la face de la tragédie n'aurait pas changé.

A chaque époque, il y a eu ce que nous appelons une *vie moderne;* il y a eu une *vie moderne* au temps de Louis XV comme au siècle d'Attila, mais les poètes se sont gardés de se laisser éblouir par elle. Les poètes qui, en leur temps, exaltèrent le télescope, les chemins de fer et autres merveilles, que pensons-nous d'eux, aujourd'hui? Ainsi, ne nous abandonnons pas outre mesure à chanter les ascenseurs ni la T.S.F. — et si nous le faisons pourtant, que ce soit avec un sourire où brille quelque lucidité et disons, par exemple, avec Jean Pellerin:

Les dieux s'en vont, s'en vont au trot,
Jeanne se décourage,
Et le dernier Abencérage
Est mort dans le métro.

Car il est vrai que l'art, en ses profondeurs, n'a guère plus varié au cours des siècles que la marche à pied; et il ne peut varier davantage. Je veux dire que l'homme étant demeuré et demeurant toujours le même — à quelques nuances près et qui sont, en l'affaire, complètement dénuées d'intérêt, — il fait des vers, il marche en 1929, comme il marchait et faisait des vers il y a six mille ans. Et c'est une bien grande joie et une bien grande certitude de penser qu'un poème de Villon, une page de Virgile sont, en quelque manière, formés de la même substance et s'élèvent au même niveau. Magnifiques jets d'eau qui montent à la même hauteur.

Et c'est une volupté de penser encore — tandis qu'un étudiant de sciences peut connaître des choses qu'ignoraient Leibniz et Descartes, — c'est une joie, dis-je, de penser à cette sorte de constance dans la perfection qui fait qu'un Shakespeare, malgré „le progrès des siècles", n'a pas fait mieux qu'un Virgile, et qu'une belle œuvre est une chose, est un être qui palpite, qui ne passe point et qui n'est pas dépassé, — au contraire de tant de découvertes aussi scientifiques que philosophiques et précises, qui, souvent, ne durent pas davantage qu'un caprice de l'opinion ou qu'une mode en matière de chapeaux, et l'on sait assez, en fait de chapeaux, que les mauves ou les noirs ne durent pas plus que les roses.

Il n'y a pas de progrès dans les arts, parce que les arts correspondent à ce qu'il y a de plus profond dans l'âme des hommes, et que l'âme des hommes, dans ses profondeurs, ne change point. Il n'y a pas de progrès; il n'y a qu'une grande sincérité, une grande ivresse toujours renouvelée, une grande consolation.

La lune pâle montait doucement dans l'air tiède du crépuscule. — O souvenirs de ma jeunesse! murmurait M. Decalandre. Monde heureux, paradis où chantaient mes amis, cependant que les Muses souriaient à leurs premiers travaux. La vie était bonne; la vie était belle; et je ne veux certes point nier que dans cet univers, où battaient nos cœurs si fervents, ne jaillît point parfois du plus profond de nous-mêmes le vieux désir d'évasion, le souhait de nous élancer vers des mondes inconnus. Cela n'était point chose très neuve et déjà nous avions entendu cet air:

Emporte-moi, wagon; enlève-moi, frégate!

C'est Baudelaire qui parlait, ou bien:

Fuir, là-bas fuir . . .

et c'était Mallarmé — le vrai! — que nous entendions. Et je voudrais dire pour certaines personnes qui ne sont point sous ces troènes et qui pensent volontiers que la poésie est née avec Baudelaire et qu'elle s'est épanouie avec Mallarmé, qu'il s'agit là d'un appétit qui était, pour le moins, plus ancien que ces poètes, et qu'il n'est, sans rechercher plus loin, que de rappeler l'ignorant qui ne savait que son âme et qui, pour fuir le monde où il s'ennuyait, s'écriait déjà:

Et moi, je suis semblable à la feuille flétrie:
Emportez-moi comme elle, orageux aquilons!

Ce sentiment n'est point nouveau; aucun sentiment n'est nouveau; et si l'on pensait en découvrir un qui fût radicalement neuf, il y aurait fort à craindre qu'on ne fût comme ivre et qu'on ne rencontrât en lui qu'une manière de chimère. Les hommes ont encore deux pieds; ils ont toujours le même cœur et la même tête. Ils ont toujours les mêmes pensées et les mêmes songes dans la tête et dans le cœur.

Ils marchent sur une vieille route; et les poètes, en chantant, la foulent avec eux. Certains pourtant de ces joueurs de flûte, abandonnent parfois le cortège; et puis fatigués de chercher en vain des chemins nouveaux, ils reviennent parmi la foule; mais, pour qu'on les regarde, ils marchent sur les mains.

Quand on marche sur les mains, on n'est point à l'aise; on ne va pas très loin ni bien longtemps, et, si l'on porte quelque menu trésor dans la poche, il tombe tristement sur le pavé.

Et je me permettrai de dire à ceux qui marchent sur les mains, parce qu'ils veulent seulement qu'on les contemple et qu'on les applaudisse, que s'ils pensent que leur méthode est originale, ils se trompent. Ils ne nous donnent qu'à rire. Ce ne sont que de pauvres copistes et de malheureux plagiaires, par la bonne raison qu'un homme qui marche sur les mains ne fait jamais qu'imiter tous ceux — et ils sont innombrables — qui marchent sur leurs pieds.

FIN

JUSTIFICATION DU TIRAGE

L'ÉTOILE DE POCHE de *TRISTAN DERÈME*
est le *cinquième* ouvrage de
la collection des *Belles Heures*,
qui comprendra douze petits livres.

*

Marque
gravée sur bois par
M. Llano-Florez

* * *

* *

*

ACHEVÉ D'IMPRIMER

Composé en caractères Garamond.
Achevé d'imprimer le 30 avril 1929 dans l'imprimerie
Boosten & Stols à Maestricht.

*

La présente édition, qui constitue *l'édition originale* de l'ouvrage, est limitée à 480 exemplaires dans le commerce, ainsi répartis:

30 sur papier du Japon, marqués de A à Z et de AA à EE, contenant chacun une double suite de la gravure sur japon et sur hollande;

50 sur papier de Hollande "Pannekoek", numérotés de I à L, contenant chacun une suite de la gravure sur papier français; et

400 sur papier vélin anglais, numérotés de 1 à 400.

*

En outre, il a été tiré hors commerce quelques exemplaires sur les trois papiers, marqués *H.C.*

No. 299